用空气炸锅做
健康儿童餐

孩子吃了好消化、易吸收、不上火！

〔韩〕文圣实◎著　　邢青青◎译

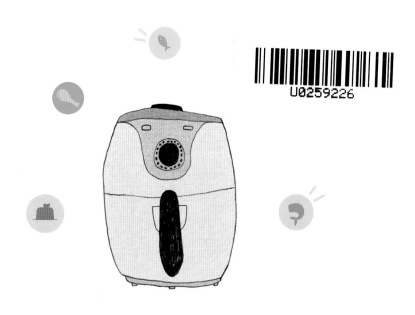

U0259226

北京科学技术出版社

에어프라이어119레시피

Copyright © 2019 by MUN SEONG SIL

All rights reserved.

Simplified Chinese copyright © 2021 by Beijing Science and Technology Publishing Co., Ltd.

This Simplified Chinese edition was published by arrangement with Sangsang Publishing through Agency Liang.

著作权合同登记号　图字：01-2020-3291

图书在版编目（CIP）数据

用空气炸锅做健康儿童餐 /（韩）文圣实著；邢青青译. —北京：北京科学技术出版社，2021.4
（2022.12 重印）

ISBN 978-7-5714-1021-6

Ⅰ.①用… Ⅱ.①文…②邢… Ⅲ.①儿童—保健—食谱 Ⅳ.① TS972.133

中国版本图书馆 CIP 数据核字（2020）第 101419 号

策划编辑： 崔晓燕
责任编辑： 樊川燕　谭飞菲
营销编辑： 葛冬燕
责任印制： 张　良
图文制作： 天露霖文化
出 版 人： 曾庆宇
出版发行： 北京科学技术出版社
社　　址： 北京西直门南大街16号
邮政编码： 100035
电话传真： 0086-10-66135495（总编室）
　　　　　　0086-10-66113227（发行部）
网　　址： www.bkydw.cn
印　　刷： 北京利丰雅高长城印刷有限公司
开　　本： 720mm×1000mm　1/16
字　　数： 165千字
印　　张： 10
版　　次： 2021年4月第1版
印　　次： 2022年12月第5次印刷
ISBN 978-7-5714-1021-6

定　　价： 58.00元

空气炸锅的闪光瞬间

　　本以为我不会再出书，但在使用空气炸锅的过程中，我逐渐产生了信心："我能写一本关于空气炸锅的食谱！"自第一代空气炸锅问世以来，我就一直在使用这种厨房电器，其间积累了许多经验与教训，因此我能鼓起勇气再次出书。

　　我一度沉迷于使用空气炸锅，以至于和邻居去滑雪场的公寓酒店时也会带上空气炸锅。现在我回想起自己背着装着沉重的空气炸锅的大号超市购物袋来回奔波的样子，都不禁感叹那时候实在是太执着了。

　　最近，我家做饭用天然气用得越来越少，但是空气炸锅我每天都要使用。第一代空气炸锅刚问世时，听到"炸锅"这个词，我联想到的是酥脆的油炸食品，结果使用后，我发现远远达不到我的期望，因此我平时很少使用。后来的某一天，在使用一个大容量空气炸锅时，我突然想到："这不就是电饭锅形状的家用烤箱么！"在这个想法产生的那一瞬间，空气炸锅就成了我"唤醒"食物味道的魔法武器——只要将原料放进去，按下启动键，不用多长时间就能享用到美味。正因为有了空气炸锅，我才得以研发出一系列不油腻、健康和能还原食材本味的美食。

　　研究美食是我的本职工作，我十分享受每天研究做什么美食这件事。使用空气炸锅也不是为了出书，而是一种享受。虽然现在我每天忙于研发新食谱，但我也享受忙碌带来的快乐。

　　在将空气炸锅作为团购商品进行销售，以及将新研发的食谱上传至博客的过程中，我忽然想到，如果有一本关于空气炸锅的食谱在身边可供参考该是多么方便，于是我决定撰写本书。

　　为了写出读起来亲切、使用频率高且能让大家做出闪耀着光芒的美食的食谱，我付出了百分之百的努力。

　　协助我拍摄烹饪过程图的姐姐，在品尝了我做的美食后说："圣实，你是个做饭的天才！"姐姐的这句话让我一下子忘却了所有的烦恼。现在，我的双胞胎儿子已是高二的学生，他们一直给我捧场，认为我做的饭是最棒的，他们是我幸福的源泉和生活的力量。

　　感谢出版社社长对本书的无条件支持与等待。我想告诉与我合作过多次、每次出书都为我细心修正稿件的编辑京子，你非常值得信任，有你在我才踏实。希望这本食谱能成为空气炸锅爱好者的首选，希望一直以来备受我喜爱和珍视的空气炸锅也能被大家所喜爱和珍视，希望大家能喜欢按照本书介绍的方法制作的美味。最后，希望各位读者都能够做出比空气炸锅更加耀眼的美食。

做饭的人　文圣实

目录

简单烹饪

让烹饪成为游戏

用空气炸锅探索生活

第一章
好吃的快手儿童餐

第七章

孩子爱吃的西式主食

第八章

忙碌妈妈的魔法美食

简单
烹饪

用空气炸锅探索生活

"空气炸锅不是炸锅，而是烤箱。"

是的！如果空气炸锅只能"炸"食物，那你肯定会失望。但是，如果把它当成电饭锅形状的烤箱，用它来烤美食，让它的烹饪范围变广，那么你绝对会觉得物超所值。因此，请不要把它看成只能"炸"食物的家电，而要把它看成像烤箱一样可以烤各种美食的家电。我一直将空气炸锅当成烤箱来使用，并在此基础上研发食谱。这样一来，研发食谱的过程就变得相当有趣了。希望大家读完本书后，都能够做出让自己满意的美味。现在，让我们一起去感受空气炸锅的闪光瞬间吧。

空气炸锅到底是什么？

空气炸锅可以用来制作无油食物或外酥里嫩的少油食物！

空气炸锅与对流烤箱的工作原理相同。

空气炸锅是一种利用热空气来"炸"食物的炸锅。它像吹风机一样利用电能使加热管和风扇工作，形成强有力的热风后使其在内部循环。高速流动的热空气能瞬间带走食材的水分，使其排出油脂，表面变酥脆，最终成为外酥里嫩的美味。请注意，脂肪含量低的食材在加热时可能会粘在炸篮上，因此，最好先在其表面均匀地淋上或涂抹一层食用油。

对空气炸锅的用途感到好奇！

用一句话来说，空气炸锅就是"快速迷你烤箱"。与普通烤箱相比，它不仅无须预热，而且烹饪时间更短。空气炸锅适用于以下烹饪方式。

1. 脆化

2. 烤

3. 加热

4. 烘焙

来看看空气炸锅的优缺点吧！

任何工具都有优点和缺点，我们只有充分利用其优点，对其缺点抱以"并无大碍"的宽容态度，使用时才会心情舒畅。

优点

● 使用的油较少，做出的食物健康、清淡并且热量相对较低。

● 可以烹饪肉类、海鲜、蔬菜、面包等各种各样的食材。

● 烹饪过程中产生的油烟少。

● 烹饪时不会四处溅油。

● 炸制后不会有剩油需要处理，更环保。

● 可以烹饪冷冻食品。

● 烹饪时只需调节温度和时间，操作方法简单。

缺点

● 难以实现传统油炸的效果。

● 有评价称，空气炸锅做其他美食都还好，唯独炸食物不好。

● 大容量空气炸锅的体积比电饭锅还大，需要准备更大的空间来收纳。

● 空气循环过程中会产生噪声，不过有的机型噪声很小。

● 跟电饭锅相比，用电量较大。

● 较难清理。

功能相似的厨房家电对比

空气炸锅虽然功能与烤箱相似，但使用方法却像微波炉一样简单。以下是空气炸锅和其他功能相似的厨房家电的对比情况。

空气炸锅 vs 油炸锅

如果喜欢食物入口后酥脆的"咔嚓"声以及油脂的香味，那么你应该使用油炸锅，而不是空气炸锅。我不爱吃用空气炸锅做的裹着面包屑的食物，腌好的裹着面包屑的猪排和其他裹满面包屑的食材只有放进热油中炸，味道才更浓郁可口。用油炸过的食材再放入空气炸锅中复炸一下的话，会变得更加酥脆，油脂也能去掉不少，吃起来就不那么油腻了。空气炸锅刚问世时，被宣称是用"空气"来炸食材的，这就导致我们产生了一个它是用来"炸食物"的家电的错觉。所以，如果想要做酥脆的食物，请使用油炸锅，让我们用空气炸锅去做它所擅长的美食吧。请搞清楚油炸锅和空气炸锅的区别，灵活使用。

空气炸锅 vs 烤箱

前言中已经提过，可以把空气炸锅看作电饭锅形状的烤箱。现在我已经完全用空气炸锅替代了烤箱。不过如果想做出更好、量更大的烘焙食品，如面包和曲奇等，最好还是使用烤箱。

与烤箱相比，烹饪同样的食材，空气炸锅所用的烹饪时间更短。不管是烤整鸡、烤块状五花肉还是烤红薯，空气炸锅比烤箱所用的时间都要短一些，更容易使人获得成就感。另外，从清洗角度而言，空气炸锅也更容易清洗。

空气炸锅 vs 微波炉

十多年前，我写家用迷你烤箱食谱时，人们问得最多的问题是"用微波炉代替烤箱不行吗？"我的回答当然是"不行"，而且我也不推荐将烤箱和微波炉的功能合二为一的家电。

我们要搞清楚空气炸锅和微波炉的用途。微波炉可以用来加热米饭和汤，有些小菜如果加热后不变味，也可以放入微波炉加热。变凉的炸猪排或其他油炸食物放入空气炸锅中加热后非常好吃，但是放入微波炉加热后会散发出奇怪的味道。比萨和炸鸡等放入微波炉加热后口感就不酥脆了，尤其是比萨，而且如果加热得太久，还容易变硬。我认为不久之后，空气炸锅也会像微波炉一样成为家庭厨房必需品。

要不要买大容量空气炸锅？

不同容量空气炸锅的真实使用后记

空气炸锅的容量从 2L 到 7L 不等。炸篮的容量不同，适宜烹饪的食物的分量和种类也各不相同。与冰箱和洗衣机一样，空气炸锅也是容量越大越好。在使用过许多种规格的空气炸锅后，我推荐大容量空气炸锅。因为这样不管是烘焙还是将装了食材的耐热容器放入炸锅烹饪，都可以尽情去做，不会受到空间的限制。此外，大容量空气炸锅功率大，可以大大缩短烹饪时间。

容量比较

如下图所示，2L 的空气炸锅炸篮中可以放 3 个纸杯，2.6L 的可以放 4 个纸杯，5.3L 的可以放 8 个纸杯。如果是一个人吃饭，建议使用小容量空气炸锅。但是如果有客人来访，想要烤一只整鸡或者炸 1kg 薯条时，还是使用大容量空气炸锅更合适。在烤整鸡、烤大量的块状五花肉或做大量的烘焙食品时，不同容量空气炸锅的差异尤为明显。此外，大容量空气炸锅因炸篮空间大，可以一次性烤更多的红薯。

我将我的迷你烤箱放到了仓库中，用大容量空气炸锅代替了它。大家可以根据自己家中的家电数量和需要的功能来选择大小合适的空气炸锅。

如果是一个人吃饭，可以选择 2～3L 的空气炸锅，小容量空气炸锅噪声相对较小，而且设计美观，价格低廉。但是，在熟知了空气炸锅的多种用途后，也许你会选择大容量空气炸锅。

对两人以上的家庭或者经常招待客人并且有孩子的家庭来说，我建议选择大容量空气炸锅。这样就可以一次性烤 500g 五花肉，或者一次性烤足够多的鸡块或薯条，来填饱喊饿的孩子们的肚子。

空气炸锅使用小贴士

1. 请灵活使用空气炸锅专用家庭便利食品

不知不觉间，节省人们时间与精力的家庭便利食品日渐流行起来。家庭便利食品越来越受因工作忙碌而无法准备健康三餐的人士的青睐。空气炸锅专用家庭便利食品一般经过了油炸，已经含有油脂，放入空气炸锅加工后，味道非常不错。除此之外，将吃剩的炸鸡、炸薯条、炸鱿鱼等煎炸食品放入空气炸锅加热，炸锅能还原它们原本的香酥口感。

2. 使用油纸时的注意事项

往炸篮中铺油纸时，要裁剪出大小合适的油纸。如果油纸太大，在热空气的吹动下，大出来的部分有可能被吹起来，覆盖到食材上面，影响烹饪。还有一点需要注意，如果空气炸锅内没有放入食材，只铺了一层油纸就启动，有可能引发火灾。这一点我亲身体验过，请大家一定不要大意。

3. 炸篮使用窍门

烤曲奇或锅巴等扁平形状的食物时，可以在炸篮中放一个倒置的耐高温容器或者烤网，将食材放在上面烤制。这样可以使食物更靠近上部加热管，从而缩短烹饪时间。

4. 根据食材的数量和厚度，调节温度和时间

在使用本书介绍的方法进行烹饪时，请结合食材的数量和厚度来设定温度和时间。此外，还应考虑不同品牌空气炸锅的性能。最好的办法是，烤制时，在设定时间过了 2/3 左右时，查看一下食材的状态，以进一步确定时间和温度。不过实际操作时大家很容易忘记这一步。为了让大家记住要这样操作，我在书中具体的操作步骤下方写下了"请根据空气炸锅的机型调节温度与时间"这句提醒。

5. 烹饪时应将食材处理得大小一致

如果食材处理得大小不一致，如曲奇整形整得大小不一，可能会出现小的烤煳了、大的还没烤熟的情况。只有将食材处理得大小一致，才能在相同的时间内将它们全部烤熟。如果炸锅内有大小不同的食材，烹饪时应该将较小的、已经烤熟的拿出来，较大的、还没熟的继续烤。

6. 如果想要更软糯的口感，请在炸篮底部加水

烤栗子或红薯时，如果想让成品口感软糯，可以在炸篮底部加一些水，这样可以为食材补充水分，成品口感就没那么干涩了。

空气炸锅的清洗方法

　　在使用空气炸锅的过程中，很多人觉得清洗是最麻烦的事情。因为不仅空气炸锅的外部要保持干净，炸锅的内部与炸篮的干净程度也至关重要，这些直接关系到空气炸锅的使用寿命。

初次使用时

　　如果直接用新空气炸锅进行烹饪，新机器在高温下产生的异味会附着在食物上，从而让烤好的食物有异味。因此，初次使用前，一定要将炸锅温度设定在 200℃，空烤 5 分钟，以使机器中的异味消散。切记，空烤时不要放任何东西进去。

清洗炸篮

　　使用完空气炸锅后，如果需要清洗炸篮，应马上清洗。为了尽可能地减少清洗炸篮的次数，以减少损耗，我很少用空气炸锅制作排油较多的美食。即便做，也会在食材下面铺一层油纸再烤。这样在烹饪结束后，只需扔掉油纸即可，不清洗炸篮也没关系。清洗炸篮的方法：在炸篮尚有余温时，先用厨房纸巾擦掉滴在炸篮底部的油脂（右图），然后用柔软的洗碗巾蘸取洗洁精轻轻擦洗（下图）。如果炸篮里的油脂过多，可多擦洗几遍。为避免炸篮的涂层脱落，请勿使用钢丝球。如果炸篮上还留有食物残渣，可将其放入温水中充分浸泡，然后清洗干净。清洗完毕后，用干抹布将炸篮擦干，也可以将炸篮放入空气炸锅中空转至干燥。

清洁加热管

　　有些空气炸锅的加热管是外露的，有些会用盖子遮住。烹饪完肉类后，外露的加热管上可能会溅上油渍或者调料。只有将加热管上的残留物清理干净，下次烹饪时产生的烟气和异味才会最少。清洁加热管的方法：烹饪完毕后，先将空气炸锅晾凉，然后用厨房纸巾或湿抹布擦拭加热管。擦拭完毕后，最好用干抹布再擦一遍。

清洁外部

　　空气炸锅的外部用湿抹布擦拭即可，擦完可以再用干抹布擦一遍，以免留下水渍。

去除异味

　　烹饪完海鲜或肉类后，空气炸锅内部很容易留下异味。将空气炸锅清洗干净，放入橘子、橙子或柠檬等水果的果皮，启动机器，烤五分钟左右，即可将异味去除。需要注意的是，这里使用的是新鲜果皮，如果放入干橘子皮，就有可能引发火灾。

空气炸锅的绝配工具

耐高温容器

可放入烤箱使用的容器皆可放入空气炸锅使用，如烤菜的容器、瓷碗、瓷盘等。此外，烘焙模具也可以。

油纸

油纸是使用空气炸锅制作美食时的必需品。我们既可以用它来烤曲奇，也可以烤其他食材。使用油纸烹饪无须清洗炸篮，烹饪完毕后扔掉油纸即可，非常方便。不过，使用油纸烹饪，食物上色会慢一些，总的烘烤时间也需延长。因此，请在必要时使用油纸。

硅胶刷

与喷油瓶相比，我更喜欢使用硅胶刷。喷油瓶不易清洗，而且出油口还容易堵塞，使用起来并不方便。我一般会用硅胶刷往食材上面刷油。另外，在烤制的过程中如果需要涂抹调料，用硅胶刷就更方便了。

硅胶夹

在烹饪过程中翻动食材或者烹饪完成后取出食物时必定会用到夹子。夹取食材时，硅胶材质的夹头不易破坏食材，也不易损坏炸篮的涂层。

隔热手套

烹饪时，如果使用了耐高温容器，那么就需要用隔热手套将容器从炸篮中取出来。取的时候一定要小心，手腕不要碰到炸篮边缘。

魔法汤匙计量法

汤匙 = 容量为 15ml 的量勺
1 汤匙 =15ml

书中用到的计量工具有电子秤、量杯和汤匙，也可以用 15ml 的量勺来代替汤匙。不过，烹饪美食的诚意、真心以及制作者的手艺才是最好的计量工具。

计量粉类原料

盐、白糖、辣椒粉、胡椒粉等

 1 汤匙指的是盛满 1 汤匙的量

 0.5 汤匙指的是盛半汤匙的量

 0.3 汤匙指的是盛 1/3 汤匙的量

计量液体原料

酱油、醋、清酒、料酒、香油等

 1 汤匙指的是盛满 1 汤匙的量

 0.5 汤匙指的是盛半汤匙的量

 0.3 汤匙指的是盛 1/3 汤匙的量

计量酱类原料

大酱、辣椒酱、清曲酱等

 1 汤匙指的是盛满 1 汤匙的量

 0.5 汤匙指的是盛半汤匙的量

 0.3 汤匙指的是盛 1/3 汤匙的量

计量香辛类蔬菜

切碎的葱、蒜等

 1 汤匙指的是盛满 1 汤匙的量

 0.5 汤匙指的是盛半汤匙的量

 0.3 汤匙指的是盛 1/3 汤匙的量

量杯计量

1 量杯 = 200ml

 本书中所说的"1 量杯"的量为 200ml，与纸杯容量近似。用量杯量取时，请先将量杯放在平坦处，然后装入粉类原料、液体原料或酱类原料等来量取。

电子秤计量

请使用最大称量值为 2kg 的家用电子秤

在家中准备一台电子秤十分必要，因为在按照食谱做糕点、面包等时，需要保证各种原料用量的精确。比起目测，用秤称量更精准。

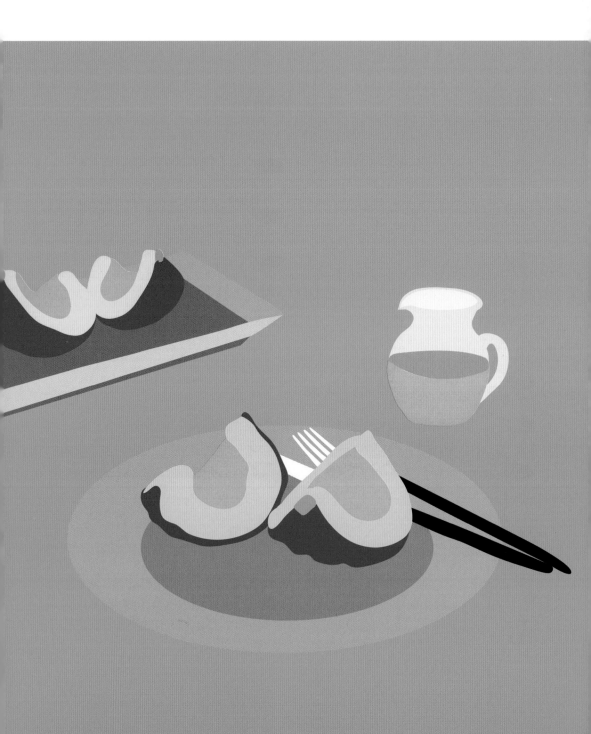

第一章

好吃的快手儿童餐

这一章的美食也许是大家使用空气炸锅时最常做的。只需准备一些基础食材，如红薯、土豆、年糕条、板栗南瓜、鸡蛋、面包等，就能做出可口的美食。将以上食材准备好之后，放入空气炸锅，启动电源，就 OK 了！无须添加任何调料。所以，我将这些制作起来很简单的美食称为快手美食。只要掌握了下面的烹饪方法，你就不会再为吃什么而发愁了。

烤红薯

Air fryer   200℃

20 分钟   → 翻面   10~20 分钟

🍲 原料（2~3 人份）
（粗略计量）

红薯（个头较小）   7~8 个

🧤 做法

❶ 将红薯洗净，放入炸篮中，将温度设定为 200℃，烤 20 分钟左右。

❷ 给红薯翻面。

❸ 继续烤 10~20 分钟。
Tip 请根据红薯的大小调节时间。

独家秘诀

　　如果不想让烤好的红薯太干，可以在炸篮中倒入 1/2 量杯水。另外，如果想在早餐时吃烤红薯，可根据红薯的大小，将温度设定为 200℃，一次性烤 30~40 分钟，这样无须翻面就能做出热气腾腾的烤红薯了。

❝

　　这也许是人们用空气炸锅做得最多的美食。与烤箱和烤红薯炉相比，空气炸锅烤出来的红薯味道更香，而且烤制时间也短得多。

❞

Air fryer 200℃

 → 翻面 （不熟的话再烤
5~10 分钟）
10 分钟　　　　　10 分钟

烤土豆

🍲 原料（2 人份）

（粗略计量）

土豆（80~100g / 个）	5 个

🔲 做法

❶ 土豆洗净（无须去皮），
放入炸篮中，摆放整齐。

❷ 将温度设定为 200℃，烤
10 分钟左右，翻面，再烤 10
分钟左右。

独家秘诀

请根据土豆的数量和大
小调节时间。烤了 20 分钟后
用筷子戳一下土豆，以查看
是否烤熟，所以没必要用带
透明可视窗的空气炸锅。

用空气炸锅烤的土豆，不仅表
面有光泽，还散发着浓郁的香气。现
在，让我们一起来烤土豆吧。啊！想
想就觉得好吃呢。

❸ 用筷子戳一下土豆，如果
戳不透，就表明还没熟。这
时就需再烤 5~10 分钟。

Tip 请根据空气炸锅的机型调节
温度与时间。

烤韩式年糕条

Air fryer 200℃

 10 分钟

🍲 原料（2人份）

（粗略计量）

年糕条	适量
蜂蜜（或麦芽糖浆）	适量

 独家秘诀

如下图所示，年糕条在烤的过程中会膨胀开裂。烤的时间过长，年糕条会变硬；时间过短，会烤不熟。因此，在烤的过程中请酌情调节烤制时间。年糕条烤熟后，不会像我们想象的那样变黄。因此，不要因为年糕条没变色就以为还没烤好而继续烤下去，从而导致年糕条变硬。

用空气炸锅烤年糕条时，要将其烤至不软不硬的程度。只有这样，烤出的年糕条才会外表酥脆，内里筋道。

🧤 做法

❶ 将年糕条切成长短适宜的小段。

Tip 可斜切。

❸ 将温度设定为200℃，烤10分钟左右。取出，蘸蜂蜜或麦芽糖浆食用。

Tip 请根据空气炸锅的机型调节温度与时间。

❷ 放入炸篮中。注意，年糕条之间要保持一定的间距。

Air fryer 200℃

 → 翻动一下
10 分钟　　　　　10 分钟

烤栗子

🍲 原料（3~4 人份）
（电子秤计量）

栗子	500~1000g

独家秘诀

　　烤完栗子后，如果炸篮是下图所示的状态，我一般不会去清洗它，而会用它继续做其他美食。我最多只会用水冲一下炸篮，或者先用热水浸泡一下再冲一下。所以，使用空气炸锅时，请不要有每次用完都要清洗炸篮的压力。

　　别怪我将这么简单的烤栗子也当成一道美食。比起大家不经常做的步骤复杂的美食，我更想向大家介绍这种常见的美食，并附上制作小贴士。现在，让我们一起来烤栗子吧！

🦐 做法

❶ 将栗子清洗两三遍，在每个栗子上划一道口子，放入水中浸泡 2~3 分钟。

Tip 用空气炸锅烤的栗子有点儿干。浸泡一下再烤，可以让栗子的口感更面。

❷ 将栗子放入炸篮中，将温度设定为 200℃，烤 10 分钟左右。

Tip 如果不想让烤栗子太干，可以往炸篮中倒 1/3 量杯水。

❸ 取出炸篮，将栗子轻轻地翻动一下，再烤 10 分钟。

Tip 刚出锅的栗子太烫，待晾凉后再吃。

烤板栗南瓜

Air fryer 180℃

→ 翻面

10 分钟　　3 分钟

🍲 原料（2~3 人份）

（粗略计量）

主料

板栗南瓜　　　　　　　　2 个

蘸料

枫糖浆（或龙舌兰糖浆）　适量

🌽 做法

❶ 将板栗南瓜纵向切成两半，用汤匙去瓤。可进一步按自己的喜好切块。

Tip 也可以将板栗南瓜整个放入炸篮中烤。烤好后去瓤食用。

❷ 将南瓜放入炸篮中。

Tip 在南瓜上涂抹一些橄榄油或淋些水，烤出来口感更软糯。

❸ 将温度设定为 180℃，烤 10 分钟左右。

Tip 请根据空气炸锅的机型调节温度与时间。

❹ 翻面，再烤 3 分钟左右。取出，搭配枫糖浆或龙舌兰糖浆食用。

这是一道简单的基础菜！烤板栗南瓜软糯可口，不过一次不宜烤太多，吃多少烤多少。

Air fryer　　　　180℃

→ 翻面

10 分钟　　　　5~10 分钟

 原料（1~2 人份）

（电子秤计量）

糙米饭	130g

糙米锅巴

 独家秘诀

一定要将糙米饭铺在油纸上烤。翻面后，锅巴已经初步成形了，继续烤的时候，热风会让油纸抖动，这在一定程度上会阻挡部分热风。为了将锅巴烤得更酥脆，有一次制作时，我中途将油纸拿了出来，没想到糙米饭就像爆米花一样四处散开了。因此，在制作糙米锅巴时，最好一直使用油纸。请各位根据自家空气炸锅的情况，找到相应的烘烤窍门。

这是一款让人停不下嘴的酥脆小吃，做法是一个朋友告诉我的。大家一定要试试！

 **做法**

❶ 在砧板上铺一张油纸，手上蘸些水，将糙米饭在油纸上均匀地铺成薄薄的一层。
Tip 也可以戴上一次性手套来铺糙米饭。

❷ 将糙米饭连同油纸一起放入炸篮中。

❸ 将温度设定为 180℃，烤10 分钟左右。

❹ 连同油纸一起翻面，继续烤 5~10 分钟。烤好后的状态如图所示。
Tip 请根据空气炸锅的机型调节温度与时间。

烤鸡蛋

Air fryer 180℃

 12 分钟

🍲 原料（15 个）
（粗略计量）

鸡蛋（室温）	15 个

🧤 做法

❶ 将鸡蛋提前从冰箱中拿出来，让其恢复至室温。也可以将鸡蛋放入温水中浸泡，让其恢复至室温。

Tip 从冰箱中取出的鸡蛋马上放入空气炸锅中烤容易开裂。

❷ 将鸡蛋放入大容量空气炸锅中，将温度设定为 180℃，烤 12 分钟。

Tip 请根据空气炸锅的机型和鸡蛋的数量调节温度与时间。

❸ 趁热将鸡蛋取出，立刻放入冷水中泡一下，然后用冷水冲洗。

❹ 磕破蛋壳，将鸡蛋放入冷水中再浸泡片刻，然后轻轻剥下蛋壳。

虽然烤熟的鸡蛋剥蛋壳有点儿麻烦（需要放入冷水中浸泡 2 次），但是用空气炸锅烤的鸡蛋，味道十分特别。

Air fryer 180℃

 → 翻面
5 分钟　　　　2 分钟

🍲 **原料（4 个）**

生豆沙包　　　　　　4 个

烤豆沙包

🧤 **做法**

❶ 拿掉豆沙包底部的衬纸。

❷ 将豆沙包放入炸篮中，将温度设定为 180℃，烤 5 分钟左右。

Tip 请根据空气炸锅的机型调节温度与时间。

　　空气炸锅真的很实用，使用的时间越长，你越会发现它的神奇之处。我平时不太喜欢吃蒸的豆沙包，但有时我会做烤豆沙包吃。好奇烤豆沙包的味道吗？只要有现成的生豆沙包，你就可以做出这道美食，快试试吧。

❸ 翻面，继续烤 2 分钟左右。

烤坚果

Air fryer 160℃

 7 分钟

🍲 原料（2 人份）

（粗略计量）

核桃仁	1 把
杏仁	1 把
开心果	1 把

🧤 做法

❶ 将核桃仁、杏仁和开心果从冰箱冷冻室取出来。

Tip 还可以选择自己喜欢的其他坚果。

❷ 在炸篮中铺一层油纸，将坚果均匀地放在油纸上。

❸ 将温度设定为 160℃，烤7 分钟左右。

坚果放的时间过长容易受潮。将它们放入空气炸锅中烘烤，你会得到一份酥脆可口的全新坚果。

Air fryer 130℃

 → 翻面

10 分钟　　　　5~7 分钟

原料（2~3 人份）

（粗略计量）

大蒜	20~30 瓣

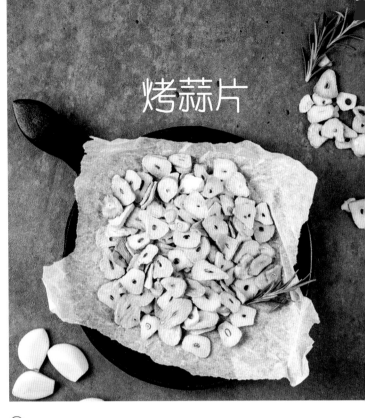

烤蒜片

> 蒜片直接生吃虽然也不错，但烤了之后更香，可以给沙拉、炒饭或意大利面提味。你可以一次多烤一些，装入密封容器或密封袋中，放入冰箱冷冻保存，想吃的时候随时取用。

做法

❶ 大蒜切片。

❷ 将蒜片先冲洗两遍，然后放入水中浸泡 5 分钟。

❸ 先用厨房纸巾擦干蒜片上的水分，然后将蒜片放入炸篮中。

❹ 将温度设定为 130℃，烤10 分钟左右，翻面，继续烤5~7 分钟。

烤鱼糕棒

 Air fryer 200℃

5~7 分钟

原料（2~3 人份）
（粗略计量）

主料

鱼糕棒（或长条鱼饼）　　　　适量

蘸料

番茄酱（蜂蜜芥末酱或甜辣酱）

适量

做法

❶ 将鱼糕棒放入炸篮中。

❷ 将温度设定为 200℃，烤 5~7 分钟，至表面焦黄。取出，搭配番茄酱食用。

Tip 请根据鱼糕棒颜色的变化翻面或者增减烤制时间。可以用蜂蜜芥末酱或甜辣酱替代番茄酱。

　　烤鱼糕棒可以说是最适合用空气炸锅制作的美食。用空气炸锅烤的鱼糕棒外面筋道，内里软嫩。从现在开始，用空气炸锅烤鱼饼或鱼糕棒吧。

Air fryer 200℃

 → 剪成块

10 分钟   5~10 分钟

🍲 原料（1~2 人份）
（电子秤计量）

主料

大肠   300 g

调料

香草盐   少许

酱料

市面上常见的烧烤酱   适量

将大肠剪成块后，可以撒少许香草盐继续烤。烤好后，搭配烧烤酱食用，烧烤酱能中和大肠的油腻感。

❝

大肠皮厚，油脂多，用空气炸锅烤可以排出多余的油脂，吃起来就没那么油腻了。烤大肠搭配烤蔬菜和市面上常见的烧烤酱一起吃，味道更好。

烤大肠

🧤 做法

❶ 将大肠放入炸篮中，将温度设定为 200℃，烤 10 分钟左右。

❷ 待大肠的外表烤至焦黄后，用剪刀将大肠剪成大小适宜的块。

❸ 撒上香草盐，再烤 5~10 分钟。取出，搭配烧烤酱食用。

Tip 可放入洋葱或大蒜一起烤。

烤鱿鱼

　　将鱿鱼放入空气炸锅烤熟后蘸喜欢的酱料（比如自制辣椒蛋黄酱）食用味道非常好。烤鱿鱼也是一道非常不错的快手美食。现在，让我们来试试吧。

Air fryer  200℃   → 翻面 ◔

10 分钟   10 分钟

原料（2~3 人份）
（汤匙计量）

主料

鲜鱿鱼	2 条

酱料

青阳辣椒	1 个
蛋黄酱	3 汤匙
甜辣酱	1 汤匙

做法

❶ 将鲜鱿鱼剖开，去除内脏，清洗干净，在两侧切花刀。

Tip 如果鱿鱼太大，可用刀将其一切为二后再切花刀。

❷ 将鱿鱼放入炸篮中，将温度设定为 200℃，烤 10 分钟左右。

独家秘诀

水煮鱿鱼绝对不会有这种味道，只有用空气炸锅烤出的鱿鱼才会有这种特别的味道。

❸ 翻面，继续烤 10 分钟左右。放凉后切一下装盘。

Tip 请根据空气炸锅的机型调节温度与时间。

❹ 将青阳辣椒切碎，与蛋黄酱和甜辣酱混合均匀，搭配烤鱿鱼食用。

烤方便面

Air fryer 160℃

5 分钟 → 翻面 3 分钟

原料（1~2 人份）
（粗略计量）

主料

方便面面饼	1 块

蘸料

白糖（或糖浆）	适量

做法

❶ 如图所示，将方便面面饼横着切成两半。

Tip 这样方便烤好后掰碎了吃。

❷ 将面饼放入炸篮中，将温度设定为 160℃，烤 5 分钟左右。

Tip 请根据空气炸锅的机型调节温度与时间。

❸ 将面饼翻面，继续烤 3 分钟左右。

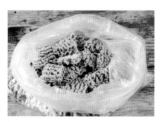

❹ 待面饼放凉后，将其掰成大小适宜的块，蘸白糖或糖浆食用。

独家秘诀

烤方便面时，由于没有用油，烤好的方便面表面会很干，蘸白糖的时候不是很好蘸。如果家里有金平糖，可以搭配在一起吃，这样会使烤方便面的口味更丰富。此外，还可以根据自己的喜好蘸汤吃。

你用空气炸锅烤过方便面吗？那味道绝了！只需将方便面面饼放入空气炸锅中烤一烤，不到 10 分钟就能做出一份你怀念已久的记忆中的小零食。

Air fryer 180℃

 5 分钟

烤棉花糖

🥘 原料（1~2 人份）

（粗略计量）

棉花糖	8~10 块

独家秘诀

烤了 3 分钟后，我会抽出炸篮查看，如果看到锅里还有空间，我会加一块进去，然后继续烤 2 分钟。也就是说，你可以根据烤制情况在中途添加棉花糖。我使用的空气炸锅中途打开不会停止运作，而会按照之前设定的时间继续工作。

从现在开始，不要用筷子将棉花糖穿起来放在明火上烤了，用空气炸锅烤棉花糖吃吧。为了让烤好的棉花糖造型好看，我使用了耐高温容器进行烤制。你也可以将棉花糖放在瓷碗、瓷盘里或油纸上面烤。

🧤 做法

❶ 将棉花糖放入耐高温容器中，让棉花糖之间保持一定的间距。

Tip 如没有耐高温容器，请使用瓷碗、瓷盘等耐高温的家用器皿。

❷ 将耐高温容器放入炸篮中。

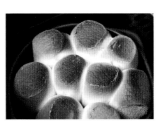

❸ 将温度设定为 180℃，烤5 分钟左右。

Tip 请根据空气炸锅的机型调节温度与时间。

烤圣女果

Air fryer 130℃

 40 分钟

🥘 原料（2~3 人份）

（汤匙计量）

主料

圣女果	20~30 颗

调料

橄榄油（可选）	1 汤匙

🧤 做法

❶ 圣女果洗净后沥干水分，每颗一切为二，放入碗中。倒入橄榄油，轻轻搅拌均匀。也可以不加橄榄油。

❷ 将圣女果切面朝上放入炸篮中。

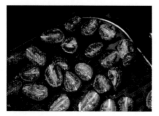

❸ 将温度设定为 130℃，烤40 分钟。

Tip 在烤好的圣女果上滴一些橄榄油，有助于长时间保存。

> 圣女果经空气炸锅烤制后会变身为高级的食材，可搭配三明治、意大利面等食用。

Air fryer 　　180℃

5 分钟

烤明太鱼干

🥘 原料（2 人份）

（粗略计量）

明太鱼干	1 条

 独家秘诀

可以将 1 根切碎的青阳辣椒和 3 汤匙蛋黄酱及适量鸡蛋拌饭惊喜酱汁（或酱油）混合，做成蘸酱。

"

处理好的明太鱼干用空气炸锅烤制后，表皮会更加入味。烤明太鱼干蘸酱食用味道棒极了。

🧤 做法

❶ 将明太鱼干撕成条。

Tip 我用的明太鱼干是从网上购买的。

❷ 先将鱼皮铺在炸篮上，再放上鱼肉。

❸ 将温度设定为 180℃，烤5 分钟左右。

Tip 蘸酱吃味道更好。

烤维也纳香肠

 Air fryer 180℃

 5 分钟

🥘 原料（2人份）
（粗略计量）

主料
维也纳香肠	20 根

装饰
欧芹粉	少许

🧤 做法

❶ 在维也纳香肠上切花刀。

❷ 将香肠放入炸篮中，让香肠之间保持一定的间距。

Tip 如果想让烤好的香肠表面富有光泽，可以在表面刷一层油。

❸ 将温度设定为180℃，烤5分钟。盛出后用欧芹粉装饰。

 独家秘诀

可以搭配番茄酱、蜂蜜芥末酱或甜辣酱食用。

用平底锅煎香肠时必须放油，而用空气炸锅烤香肠则不用放油，不过需要在香肠上切花刀。

Air fryer 160℃

 5 分钟

原料（2 人份）
（电子秤、汤匙计量）

主料

小饼干	75g
食用油	3 汤匙

蘸料

白糖	3 汤匙

烤小饼干

🧤 做法

❶ 将小饼干放入碗中，倒入食用油，搅拌均匀。

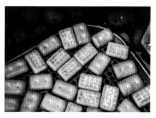

❷ 将小饼干均匀摆放在炸篮中，将温度设定为 160℃，烤 5 分钟。

❸ 将白糖装入一次性塑料袋中，待饼干稍凉后，将饼干也装入塑料袋中，轻轻晃一晃袋子，使白糖均匀地附着在饼干上。

用油炸一下小饼干，然后蘸糖吃，一定很好吃吧？使用空气炸锅可以用少许油做出脆甜的烤小饼干，保证让你停不下嘴。

第二章

给孩子吃的健康零食

用空气炸锅烤了一次从超市买的猪排之后就将空气炸锅抛到脑后的人，烤了一次鱼就忘记了空气炸锅的存在的人，告诉你们，现在，空气炸锅已成为制作零食的常用家电。有人可能会说："我连做饭都嫌麻烦，你还让我做零食？"请相信我，不，请相信空气炸锅，它一定会给你带来惊喜。让我们一起进入自制零食的美妙世界吧！

锅巴烤肉比萨

 Air fryer 160℃

5 分钟

🍲 原料（2 人份）

（电子秤、量杯、汤匙计量）

锅巴烤肉比萨

糙米锅巴（手掌大小）	2 块
马苏里拉奶酪	1/3 量杯
百搭肉酱	3~4 汤匙

百搭肉酱

猪肉糜	300g
白糖	1 汤匙
蒜末	1 汤匙
姜汁（或姜粉）	0.3 汤匙
清酒	3 汤匙
料酒	3 汤匙
烤盐	0.5 汤匙
胡椒粉	适量
紫苏籽油	1 汤匙

 独家秘诀

因为我的空气炸锅容量较小，所以我是分两次烤的。每次只需烤 5 分钟。家里有大容量空气炸锅的朋友可以试试看能不能一次烤好。

这款零食保留了锅巴原本的酥脆口感，制作起来非常简单，只需加入自制百搭肉酱和马苏里拉奶酪烤一下即可。

🧤 做法

❶ 将猪肉糜、白糖、蒜末、姜汁（或姜粉）、清酒、料酒、烤盐、胡椒粉和紫苏籽油放入器皿中，搅拌均匀。

❷ 放入平底锅中，翻炒至无水分。

Tip 肉酱可以提前准备好，也可以当场制作。

❸ 先在锅巴上撒一层马苏里拉奶酪，再铺上百搭肉酱，最后再撒一层马苏里拉奶酪。

Tip 如没有百搭肉酱，可用培根代替。

❹ 将锅巴放入炸篮中，将温度设定为 160℃，烤 5 分钟左右。

Air fryer 200℃

 7 分钟

原料（2~3 人份）

（汤匙计量）

主料

年糕	20 根

酱汁

辣椒粉	0.3 汤匙
白糖	1 汤匙
蒜末	0.5 汤匙
辣椒酱	1 汤匙
番茄酱	2 汤匙
酱油	1 汤匙
低聚糖	2 汤匙

独家秘诀

可以用我独创的文氏厨房鸡蛋拌饭惊喜酱汁代替酱油，这样做出的酱汁味道更好。

如果嫌自己制作酱汁麻烦，可以从市面上买调味炸鸡酱搭配烤年糕串食用。现在，让我们一起来制作烤年糕串吧。

烤年糕串

做法

❶ 如果年糕质地柔软，可直接拿来使用。如果较硬，可焯水后使用。将年糕穿好。

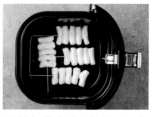

❷ 将年糕串放入炸篮中，将温度设定为 200℃，烤 7 分钟左右。

Tip 如图所示，在烤的过程中，年糕会膨胀。

❸ 将辣椒粉、白糖、蒜末、辣椒酱、番茄酱、酱油和低聚糖搅拌均匀，调成酱汁。

奶酪烤饺子

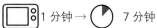

Air fryer 170℃

1 分钟 → 7 分钟

🍲 原料（1~2 人份）

（量杯、汤匙计量）

主料

水饺	7 个
切片奶酪	1 片
马苏里拉奶酪	1 量杯

酱汁

洋葱碎	2 汤匙
青辣椒碎	1 汤匙
番茄酱	2 汤匙
甜辣酱	3 汤匙
低聚糖	1 汤匙

装饰

欧芹粉	少许

🧤 做法

❶ 将洋葱碎和青辣椒碎放入小碗中，加入番茄酱、甜辣酱和低聚糖，搅拌均匀，制成酱汁。

❷ 水饺放入耐高温容器中。

Tip 如果水饺是冷冻状态，请放入微波炉中加热 1 分钟左右，给水饺解冻。

❸ 将酱汁倒在水饺上，铺上切片奶酪，最后撒上马苏里拉奶酪和欧芹粉。

❹ 将耐高温容器放入炸篮中，将温度设定为 170℃，烤 7 分钟左右。

Tip 烤好后容器非常烫，取的时候一定要戴上隔热手套。

独家秘诀

加了洋葱和辣椒的酱汁，味道更加爽口。如果不希望酱汁太甜，可减少低聚糖的用量。

今天尝试用水饺做了一道特别的菜，结果非常成功！这道非常受小学生欢迎的奶酪烤饺子，制作起来十分简单。你一定要用空气炸锅做一次哦！

Air fryer 160℃

10~12 分钟

烤培根鸡蛋

🍲 原料（2人份）

（粗略计量）

主料

切片面包	1 片
鸡蛋	2 个
培根	1 片

调料

香葱（可选）	适量
盐和胡椒粉	少许

装饰

欧芹粉	少许

涂抹油是为了让烤好的食物更容易从纸杯中拿出来。也可以用烘焙模具代替纸杯。

用空气炸锅做烤培根鸡蛋比做鸡蛋面包还要容易，不仅制作方法有趣，味道也很惊艳。

🧤 做法

❶ 将切片面包的四个边切除，然后将切片面包一分为二。准备好纸杯。

❷ 用刷子在纸杯内壁均匀涂抹一层食用油，将培根沿内壁围一圈，底部放半片切好的面包片，尽量将面包片放平。

❸ 往纸杯中各打一个鸡蛋，撒上盐、胡椒粉和切碎的香葱，最后撒上欧芹粉。

Tip 若没有香葱，可不放。撒上欧芹粉可以让成品看上去更诱人。

❹ 将纸杯放入炸篮中，将温度设定为 160℃，烤 10~12 分钟。

Tip 请根据空气炸锅的机型调节温度与时间。

魔法玉米

Air fryer 200℃

 10 分钟

🍲 原料（2~3 人份）
（汤匙计量）

主料
煮熟的玉米	2 根
黄油	2 汤匙

调料
白糖	1 汤匙
帕玛森干酪粉	3 汤匙

🧤 做法

❶ 将煮熟的玉米每根切成三段。熔化黄油，用硅胶刷将黄油均匀涂抹在玉米上。

Tip 我用的是甜玉米。

❷ 将玉米放入炸篮中，将温度设定为 200℃，烤 10 分钟左右。

❸ 将白糖和帕玛森干酪粉放入一次性塑料袋中，接着放入玉米，轻轻摇晃塑料袋，使玉米和调料混合均匀。

独家秘诀

还可根据自己的喜好添加原料，比如帕玛森干酪碎（或辣椒碎）和欧芹粉。

玉米直接吃就很好吃，那到底是什么样的玉米会被授予"魔法玉米"的称号呢？那就是用空气炸锅烤的玉米。这款魔法玉米的甜度真的达到了极致。

Air fryer 180℃

7 分钟

原料（2人份）

（电子秤、量杯、汤匙计量）

主料

玉米粒罐头	280g
洋葱	1/4 个
青阳辣椒	1 个
马苏里拉奶酪	1 量杯
切片奶酪	1 片

调料

白糖	1 汤匙
香草盐	0.3 汤匙
蛋黄酱	4 汤匙

独家秘诀

将玉米粒罐头中的水分沥干十分重要。如果不嫌麻烦，可将玉米粒倒入平底锅中炒干水分。

今天我们要做的是一道大家在家中不经常吃的美食，不过做起来非常简单。这道菜通常是用烤箱做的，但用空气炸锅做，味道依然非常棒。

奶酪玉米

做法

❶ 将玉米粒倒出来，沥干水分。洋葱和青阳辣椒切碎。

Tip 可用彩椒或西蓝花代替青阳辣椒。

❷ 碗中放入玉米粒、洋葱、青阳辣椒，然后放入白糖、香草盐和蛋黄酱，搅拌均匀。

❸ 将调好味的玉米粒放入耐高温容器中，放入切片奶酪，然后撒上马苏里拉奶酪。

Tip 可将调好味的玉米粒分成两份，一份用来烤，一份用来做墨西哥薄饼比萨。

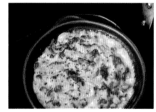

❹ 将耐高温容器放入炸篮中，将温度设定为180℃，烤7分钟左右。

Tip 请根据空气炸锅的机型调节温度与时间。从空气炸锅中取耐高温容器时，请戴上隔热手套。

烤鸡蛋三明治

Air fryer 180℃

 12 分钟

原料（1~2 人份）
（汤匙计量）

主料

鸡蛋	3 个
切片面包	2 片
切片奶酪	1 片

调料

白糖	0.3 汤匙
蛋黄酱	3 汤匙
蜂蜜芥末酱	1 汤匙
盐和胡椒粉	少许

独家秘诀

烤鸡蛋的具体方法参考本书第 22 页。盐和胡椒粉会使三明治的味道更好。相信我，加进去吧！因为鸡蛋沙拉较细碎，将三明治用保鲜膜缠紧再切可防止沙拉掉落，而且更方便食用。

一家具有超高人气的咖啡馆卖的一种鸡蛋沙拉面包非常好吃，但里面夹的不是鸡蛋，而是一种口感很像烤鸡蛋的原料。这款用烤鸡蛋做的三明治，味道与鸡蛋沙拉面包很像。

 做法

❶ 将鸡蛋放入炸篮中，可以一次多烤一些，将温度设定为 180℃，烤 12 分钟。将烤好的鸡蛋轻轻磕开一条缝，放入水中，使水通过缝隙进入鸡蛋，以便剥壳。

❷ 取 3 个剥了壳的鸡蛋，用叉子捣碎，或者用刀切碎，放入碗中。将白糖、蛋黄酱、蜂蜜芥末酱、盐和胡椒粉加入碗中，搅拌均匀，制成鸡蛋沙拉。

❸ 在一片切片面包上铺上一层鸡蛋沙拉，再放一片切片奶酪，最后放上另一片面包。

❹ 将烤鸡蛋三明治用保鲜膜缠紧，静置片刻后切成 2~4 份。

Air fryer 160℃

3~4 分钟

烤明太鱼丝

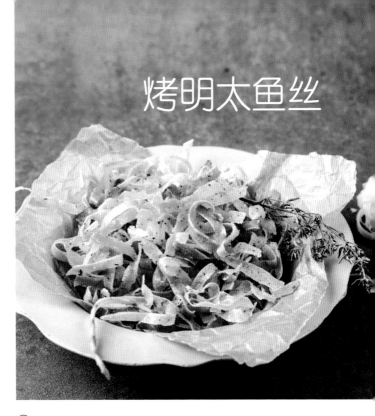

 原料（2~3 人份）
（电子秤、汤匙计量）

主料

明太鱼丝	100g

调料

白糖	1 汤匙
橄榄油	3 汤匙
胡椒粉	少许
欧芹粉（可选）	少许

独家秘诀

明太鱼丝容易烤煳，烤的时候可以酌情将温度调低一些，并随时观察烤制情况。其间可以给明太鱼丝翻面，以便烤得均匀。

用调料拌好明太鱼丝，放入空气炸锅中烤 3~4 分钟，就能做出一份别样的烤明太鱼丝。也许从此以后，你会因为这道菜而让空气炸锅停不下来。现在，让我们来试着做一做吧。

做法

❶ 将明太鱼丝理顺（如有打结的，请解开），加入白糖、橄榄油、胡椒粉和欧芹粉，搅拌均匀。

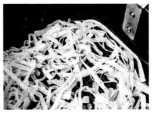

❷ 将明太鱼丝平铺在炸篮中，尽量避免交叠。

Tip 若明太鱼丝交错缠绕在一起，请尽量展开摆放。

❸ 将温度设定为 160℃，烤3~4 分钟。

Tip 请根据空气炸锅的机型和明太鱼丝的量调节温度与时间。

烤饺子

Air fryer 180℃

 10~15 分钟

🍲 原料（2 人份）

（汤匙计量）

主料

冷冻饺子	25 个

酱汁

大葱	1/2 根
红辣椒	1/2 个
食用油	1 汤匙
蒜末	1 汤匙
食醋	1 汤匙
白糖	1 汤匙
料酒	1 汤匙
酱油	2 汤匙
低聚糖	1 汤匙
胡椒粉	适量

🧤 做法

❶ 将饺子放入炸篮中，将温度设定为 180℃，烤 10~15 分钟。途中可抽出炸篮轻轻晃动几下，给饺子翻面。

❷ 在烤饺子期间准备酱汁。将大葱和红辣椒切碎。

❸ 平底锅中倒入食用油，油热后放入大葱、红辣椒和蒜末翻炒，然后加入食醋、白糖、料酒、酱油、低聚糖和胡椒粉，将酱汁煮沸，留在锅中备用。

❹ 将烤好的饺子取出，放入有酱汁的锅中，让酱汁均匀地裹在饺子上。

 独家秘诀

使用现磨胡椒粉的话，烤饺子的味道更好。

这款空气炸锅版烤饺子可谓居家必做美食。使用空气炸锅，无须用油就能烤饺子。制作时，你可以利用烤饺子的时间准备酱汁，以节省时间。

烤香肠年糕串

Air fryer 200℃

 → 翻面

5 分钟　　　　5 分钟

🍲 原料（2~3 人份）

（汤匙计量）

主料

年糕	12 根
维也纳香肠	9 根

酱汁

辣椒粉	0.3 汤匙
白糖	1 汤匙
蒜末	0.5 汤匙
辣椒酱	1 汤匙
番茄酱	2 汤匙
酱油	1 汤匙
低聚糖	2 汤匙

装饰

芝麻	少许
欧芹粉	少许

用文氏厨房鸡蛋拌饭惊喜酱汁代替酱油，做出的酱汁味道更好。

用空气炸锅烤香肠年糕串，操作更简单，成品味道更好。你还可以利用烤制的时间准备酱汁，以节省时间。现在，让我们一起来做吧。

🧤 做法

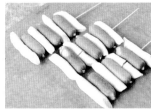

❶ 如图所示，将年糕和维也纳香肠交叉穿成串。

❷ 将香肠年糕串放入炸篮中，将温度设定为 200℃，烤 5 分钟左右。

❸ 翻面，继续烤 5 分钟。

Tip 请根据空气炸锅的机型调节温度与时间。

❹ 将辣椒粉、白糖、蒜末、辣椒酱、番茄酱、酱油和低聚糖混合在一起，搅拌均匀。在香肠年糕串表面刷上酱汁并撒上芝麻和欧芹粉。

烤三角饭团

Air fryer 200℃

5分钟 → 翻面 3分钟

🍲 原料（2 人份）
（电子秤、汤匙计量）

主料

糙米饭	260g
市面上常见的照烧酱	2~3 汤匙
寿司海苔	1/2 张

调料

炒鳀鱼	2~3 汤匙
香油	0.5 汤匙

🧤 做法

❶ 在糙米饭中加入炒鳀鱼和香油，搅拌均匀。

❷ 用模具做 2 个三角饭团，用硅胶刷在饭团表面均匀涂抹照烧酱。

Tip 如果没有模具，可用手捏成三角形的饭团。

❸ 在炸篮上铺一层油纸，放入三角饭团，将温度设定为200℃，烤 5 分钟左右。

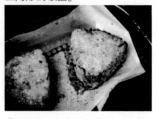

❹ 翻面，继续烤 3 分钟。取出，用寿司海苔包住食用。

独家秘诀

照烧酱选择自己喜欢的即可，不管搭配哪种饭团，味道都非常好。

三角饭团为什么要烤着吃？因为味道真的很好！你一定要试着做一次。用空气炸锅烤的三角饭团有特殊的香气。我的三角饭团是用炒鳀鱼做的，大家也可以用明太鱼子酱或牛肉酱做，味道也很不错。

Air fryer 180℃

 12~15 分钟

原料（2~3 人份）
（电子秤、汤匙计量）

主料

红薯	600g
食用油	2 汤匙

糖浆

食用油	1 汤匙
白糖	3 汤匙
低聚糖	5 汤匙
盐	少许

装饰

黑芝麻	少许

独家秘诀

浸泡红薯时，在水中放入少许粗盐可以使烤出的红薯味道更甜。另外，烤前在红薯表面涂油，不仅可以缩短烤制时间，还能使红薯的口感变得更加软糯。

不用油炸，也能做出甜香适口的拔丝红薯！希望我们的人生也能像这道美食一样甜蜜。想要学习用空气炸锅做拔丝红薯吗？今天我就来告诉你们其中的小诀窍。

韩式拔丝红薯

 做法

❶ 红薯去皮，切块，用冷水冲洗干净，放入水中浸泡 10 分钟，去除多余的淀粉。用厨房纸巾擦掉红薯表面多余的水分，拌入 2 汤匙食用油。

❷ 将红薯放入炸篮中，将温度设定为 180℃，烤 12~15 分钟。

Tip 请根据空气炸锅的机型和红薯的量调节温度与时间。

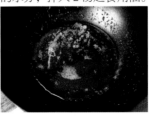

❸ 锅中放入 1 汤匙食用油、白糖、低聚糖和盐，煮沸，留在锅中备用。不要用筷子搅拌，转动锅使各种原料混合均匀。

❹ 将烤红薯取出，倒入糖浆中，让糖浆均匀地裹在红薯表面。盛盘，撒上黑芝麻。

烤土豆丝饼

 Air fryer 200℃

 → 翻面 ⏲

10 分钟　　　5 分钟

🍲 原料（1个，2人份）

（电子秤、汤匙计量）

主料

土豆（去皮）	200g
培根	2 片
食用油	4 汤匙

调料

土豆淀粉	1 汤匙
香草盐	0.3 汤匙

🧤 做法

❶ 土豆切丝，培根切条。

❷ 将土豆和培根放入碗中，加入土豆淀粉和香草盐，搅拌均匀。

❸ 在炸篮底部铺一层油纸，倒入 3 汤匙食用油，放入土豆丝饼。再用硅胶刷在土豆丝饼表面均匀涂抹剩下的 1 汤匙食用油。

❹ 将温度设定为 200℃，烤 10 分钟左右。将土豆丝饼连同油纸一起翻面，继续烤 5 分钟左右。

 独家秘诀

还可以在将土豆丝饼连同油纸一起翻面后，拿掉油纸，再烤 5 分钟左右，这样烤出的土豆丝饼更酥脆。

这是我的孩子们唯一肯吃的土豆美食。我经常用平底锅做这道美食，但是用空气炸锅做也非常好吃！制作这道美食的重点：一是土豆丝要切得尽可能细；二是要放点儿油。

Air fryer 200℃

 10 分钟

鸡肉汉堡

原料（1 人份）
（汤匙计量）

主料

鸡排（大）	1 块
英式玛芬	1 个
生菜	3~4 片
洋葱	1/4 个
芝麻菜（可选）	1 把
彩椒（可选）	少许
甜辣酱	1 汤匙

蛋黄酱混合物

蛋黄酱	4 汤匙
白糖	1 汤匙

 独家秘诀

芝麻菜和彩椒可以不加。蛋黄酱要按要求的分量放，分量不够不好吃。由于汉堡太厚，馅料容易掉落，所以必须用保鲜膜或油纸将其包住，这样才方便食用。

这款超人气汉堡好吃的秘诀在于里面的蛋黄酱和白糖，自己制作的话可以随意添加，所以在家里自制的鸡肉汉堡更好吃。用空气炸锅轻松自制这道美食吧！

做法

❶ 将鸡排放入炸篮中，将温度设定为 200℃，烤 10 分钟，翻面，视情况决定是否继续烤。可以一次多烤几块。

❷ 将英式玛芬横向剖成两半。生菜洗净，沥干水分；洋葱切丝。如有芝麻菜和彩椒，洗净备用（彩椒切圈）。

❸ 将蛋黄酱和白糖搅拌均匀，取适量涂抹在半个玛芬的切面上。生菜撕成大片，铺在蛋黄酱混合物上，放一块鸡排，再涂抹一层蛋黄酱混合物。

❹ 放上甜辣酱、生菜、芝麻菜、彩椒和洋葱，盖上涂抹了蛋黄酱混合物的另外半个玛芬，用保鲜膜或油纸将汉堡裹紧，稍等片刻即可食用！

黄油烤鱿鱼

Air fryer   180℃

→ 翻面

5 分钟   3 分钟

🍲 原料（2 人份）

（汤匙计量）

主料

鲜鱿鱼（中等大小）	2 条

调料

熔化的黄油	2 汤匙
帕玛森干酪粉（可选）	1 汤匙
欧芹粉	少许

🧤 做法

❶ 鱿鱼去除内脏，将鱿鱼须切下来，再用剪刀在鱿鱼身上划几刀。

❷ 将鱿鱼放入炸篮中，将温度设定为 180℃，烤 5 分钟。

❸ 取出鱿鱼，用手将鱿鱼撕得小一些，放入碗中。放入熔化的黄油、帕玛森干酪粉和欧芹粉，搅拌均匀。

❹ 将调好味的鱿鱼放入炸篮中，再烤 3 分钟。

独家秘诀

再加入一些花生酱就是花生酱味烤鱿鱼。如没有帕玛森干酪粉，也可以不加。

❝

鱿鱼经过精心烹饪，就可以成为让电影更有意思的零食。秘诀就是：先将鱿鱼单独烤 5 分钟，然后拌入黄油再烤几分钟。

❞

Air fryer 160℃

 3~4 分钟

🍲 原料（2~3 人份）

（电子秤、汤匙计量）

鱿鱼丝	100g
熔化的黄油	2 汤匙
白糖	1 汤匙
欧芹粉（可选）	少许
胡椒粉（可选）	少许

黄油烤鱿鱼丝

🧤 做法

❶ 在鱿鱼丝中加入熔化的黄油、白糖、欧芹粉和胡椒粉，搅拌均匀。

Tip 加现磨胡椒粉烤出的鱿鱼丝味道更好。

❷ 将鱿鱼丝铺在炸篮中，注意不要让其交叉缠绕。

过去，一提到鱿鱼丝，我最先想到的就是做成菜肴吃。而现在，提到鱿鱼丝，最先浮现在我脑海中的是电影院里售卖的黄油烤鱿鱼丝。黄油和白糖结合在一起，味道棒极了！这道美食让我们在家里也能享受到电影院里的感觉。现在，跟我一起来制作这道美食吧！

❸ 将温度设定为 160℃，烤3~4 分钟。

Tip 其间需抽出炸篮轻轻晃几下，以便烤得均匀。

红薯干

Air fryer   180℃

10 分钟   →   翻动一下   7 分钟

原料（2~3 人份）

（电子秤、汤匙计量）

主料

| 红薯（去皮） | 400g |
| 食用油 | 3 汤匙 |

浸泡用料

| 粗盐 | 1 汤匙 |

做法

❶ 红薯切条，用冷水洗净，然后放入加了粗盐的水中（没过红薯即可）浸泡 10 分钟。

Tip 将红薯切成粗细相当的条，才能烤得均匀。

❷ 用厨房纸巾擦掉红薯表面多余的水分，倒入食用油，搅拌均匀。

Tip 也可以不加油。

❸ 将红薯放入炸篮中，将温度设定为 180℃，烤 10 分钟。

Tip 红薯条尽量摊开摆放，不要摞在一起。

❹ 轻轻翻动一下，继续烤 7 分钟左右。

Tip 请根据空气炸锅的机型和红薯的量调节温度与时间。

独家秘诀

在烤的过程中轻轻翻动一下红薯，才能烤得均匀。另外，烤好的红薯干不要马上取出，待凉了之后再取出。

这款红薯干酥脆可口。只要掌握了制作窍门，用空气炸锅做的红薯干就丝毫不逊色于用油炸锅做的。

Air fryer 奶酪酱 180℃ 5~6 分钟

烤玉米片 160℃ 3 分钟

🍲 原料（2 人份）

（量杯、汤匙计量）

马苏里拉奶酪	1 量杯
奶油奶酪	5 汤匙
切达干酪	1 片
用剩的其他奶酪	2 片
蔓越莓干	1 把
牛奶	5 汤匙
玉米片	适量

奶酪酱佐烤玉米片

制作这道零食有助于将家里剩余的奶酪消耗掉。奶酪酱的制作方法很简单，只需将奶酪、牛奶和蔓越莓干放在一起烘烤就行。再烤份玉米片搭配着吃，简直完美。

🧇 做法

❶ 备好各类奶酪。

Tip 以马苏里拉奶酪为主。果干一并准备好。

❷ 耐高温容器中放入奶油奶酪、切达干酪、用剩的其他奶酪、大部分蔓越莓干和牛奶，拌匀。将马苏里拉奶酪和剩下的蔓越莓干撒在表面。

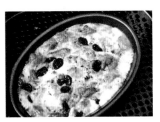

❸ 将耐高温容器放入炸篮中，将温度设定为180℃，烤 5~6 分钟，制成奶酪酱。

❹ 在炸篮中均匀地摆上玉米片，将温度设定为160℃，烤 3 分钟左右。取出，搭配奶酪酱食用。

虾仁炒饭

 Air fryer 180℃

→ 翻面
7分钟　　　3分钟

🍲 原料（1人份）

（电子秤、汤匙计量）

主料

糙米饭	130g
虾仁	7个
维也纳香肠	3根
胡萝卜	少许
大葱	少许
鸡蛋	1个
食用油	2汤匙

调料

酱油（或文氏厨房鸡蛋拌饭惊喜酱汁）	1汤匙
香草盐	少许

🧤 做法

❶ 虾仁洗净，维也纳香肠切小块，胡萝卜切碎，大葱切葱花。

❷ 将糙米饭和除鸡蛋外的其他主料倒入碗中，然后将鸡蛋加进去，加入酱油和香草盐，搅拌均匀。

❸ 在炸篮底部铺一层油纸，均匀涂抹适量食用油（额外的），将糙米饭混合物平铺在上面。

❹ 将温度设定为180℃，烤7分钟，翻面，继续烤3分钟左右。

独家秘诀

炒饭用的食材可以根据个人喜好准备。

空气炸锅还能做炒饭？虽然这里说的炒饭并非我们常见的那种炒饭，但是用空气炸锅做起来比用炒锅做方便得多，味道也更好。

Air fryer 200℃ 7 分钟

180℃ 5 分钟

奶酪薯条

原料（2 人份）

（电子秤、量杯、汤匙计量）

主料

速冻薯条	300g
洋葱	1/4 个
培根	2 片
大葱	少许
甜辣酱	3~4 汤匙
切片奶酪	1 片
马苏里拉奶酪	1/2 量杯

装饰

欧芹粉	适量

做法

❶ 将速冻薯条平铺在炸篮中，将温度设定为 200℃，烤 7 分钟左右。

❷ 烤制期间，将洋葱和培根切碎，大葱切葱花。

独家秘诀

可用番茄酱替代甜辣酱。

这是一道诚意满满的奶酪美食。在炸篮底部铺一层油纸，放上所有原料，做好吃的奶酪薯条吧。

❸ 在炸篮底部铺一层油纸，均匀摆放上薯条、培根、洋葱和大葱，加入甜辣酱、撕碎的切片奶酪和马苏里拉奶酪，最后撒上欧芹粉。

❹ 将温度设定为 180℃，烤 5 分钟。烤好后带着油纸装盘。

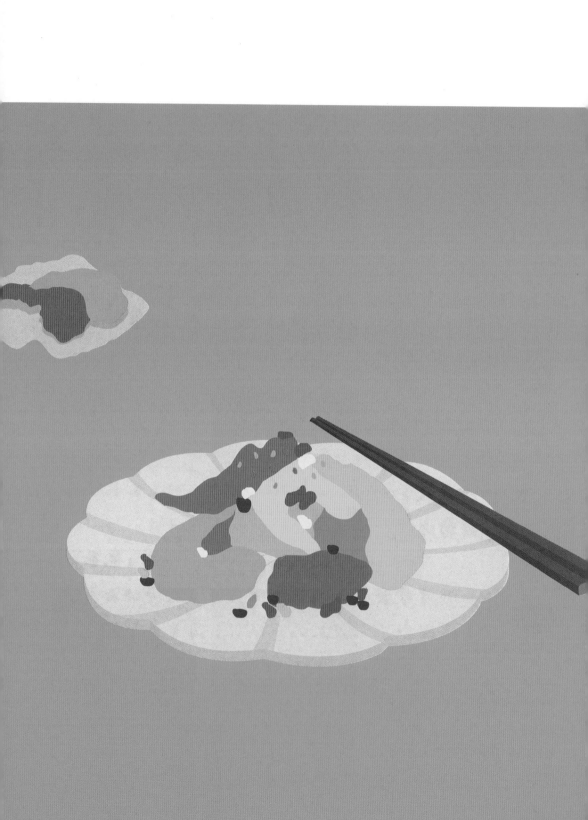

第三章

让孩子长高的肉类和让大脑变聪明的海鲜

如果你问我，什么时候觉得买空气炸锅真是个明智的选择，那大概是看到空气炸锅让肉里的油脂大片地分离出来的时候，以及把腥味扑鼻的海鲜做成完全没有腥味的美食的时候吧。害怕烹制时油溅得到处都是而总在外面吃的烤五花肉以及一直想在家里做的烤鱼，现在，都可以用空气炸锅做了。

烤五花肉块

 Air fryer　　　　180℃

 → 翻面 　（没熟的话可再烤10分钟）

10 分钟　　　10 分钟

🍲 原料（3~4 人份）

（电子秤计量）

主料

整块的五花肉　　　　　　　1kg

调料

香草盐（或其他调味盐）　适量

🧤 做法

❶ 将五花肉切成大块，在表面切花刀，并均匀地撒上香草盐。

Tip 食谱中五花肉的用量是 1kg，图中是 500ｇ。一次不要做太多，吃多少做多少。

❷ 将五花肉放入炸篮中，将温度设定为 180℃，烤 10 分钟左右。

Tip 请根据空气炸锅的机型调节温度与时间。

❸ 翻面，再烤 10 分钟左右。

❹ 如果还没烤熟，让未烤熟的部分朝上，再烤 10 分钟。烤好后切成自己喜欢的大小食用即可。

独家秘诀

做肉类美食时，加入香草盐或其他调味盐会让成品更好吃，大家可以根据自己的喜好选择调味盐。

❝

我的孩子们狂爱吃肉，所以我经常做烤五花肉。用空气炸锅烤的五花肉块外酥里嫩，既可以蘸喜欢的酱汁吃，也可以用泡菜包着吃。

❞

烤五花肉片

Air fryer 180℃

 → 翻面

10 分钟　　　5 分钟

原料（2~3 人份）

（电子秤计量）

主料

表面切了花刀的五花肉片　500g

香草盐　　　　　　　　　　适量

蘸酱

包饭酱　　　　　　　　　　适量

这是烤了 500g 五花肉后留下的油。

> 最适合用大容量空气炸锅做的美食就是烤五花肉片。有的空气炸锅能一次性烤 500g 五花肉！既不用放油，也不用总是翻面，还能去除肉里面多余的油脂，真是太棒了！现在，让我们一起来烤五花肉片吧。

做法

❶ 将表面切了花刀的五花肉片均匀摆放在大容量空气炸锅中，注意肉之间不要交叠，然后撒上香草盐。

Tip 也可以撒你平时喜欢用的其他调味盐。

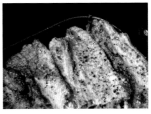

❷ 将温度设定为 180℃，烤 10 分钟左右。

Tip 请根据空气炸锅的机型和肉片的厚度调节温度与时间。

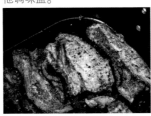

❸ 翻面，再烤 5 分钟。用剪刀剪成小片，蘸包饭酱食用。

辣酱烤五花肉

 Air fryer 180℃

8 分钟 → 翻面 3 分钟 → 翻面 3 分钟

🍲 原料（2~3 人份）

（电子秤、汤匙计量）

主料

五花肉	500g
香草盐	适量

辣酱

辣椒酱	2 汤匙
蒜末	0.5 汤匙
姜汁（或姜粉）	0.3 汤匙
清酒	3 汤匙
蜂蜜	3 汤匙
酱油	1 汤匙

🧤 做法

❶ 将辣椒酱、蒜末、姜汁（或姜粉）、清酒、蜂蜜和酱油混合在一起，搅拌均匀。

❷ 将五花肉均匀摆放在炸篮中，撒上香草盐，将温度设定为 180℃，烤 8 分钟左右。

Tip 因为后面还要涂抹辣酱，所以盐只需撒在一面即可。

❸ 翻面，均匀涂抹一些第 1 步做好的辣酱，再烤 3 分钟左右。

❹ 再次翻面，涂抹剩余的辣酱，再烤 3 分钟左右。

Tip 请根据空气炸锅的机型和肉的厚度调节温度与时间。

 独家秘诀

制作辣酱烤五花肉的过程虽然有点儿烦琐，但一定要记得翻面，因为空气炸锅的加热管在炸篮上方，肉的下部不太容易烤熟。同时注意把握烤制时间，随时检查五花肉是否均匀烤熟。

有了空气炸锅，还能在家做辣酱烤五花肉。香浓润泽的辣酱烤五花肉搭配葱丝和冰水一起吃，味道棒极了。

 Air fryer 180℃

10 分钟 → 5 分钟 → 翻面 3 分钟

 **原料（2 人份）**
（电子秤、汤匙计量）

主料

猪肋排	500g
市面上常见的照烧酱	5~6 汤匙

腌料

蒜末	0.5 汤匙
清酒	1 汤匙
香草盐	0.3 汤匙
橄榄油	2 汤匙

照烧肋排

做法

❶ 去掉肋排靠骨头一侧的白膜，然后将肋排切成小块。冷水洗三四次后，在水中浸泡 10 分钟左右，去除血水。

❷ 肋排沥干水分，放入蒜末、清酒、香草盐和橄榄油，搅拌均匀，腌一会儿。

独家秘诀

只有去除白膜，才能让肉充分吸收调料。

甜咸味的照烧酱和烤肋排很搭。用烤箱烤肋排比较麻烦，可以尝试用空气炸锅做一次。

❸ 在炸篮底部铺一层油纸，将肋排摆放在炸篮中，肉多的一面朝上。将温度设定为 180℃，烤 10 分钟左右。

❹ 用硅胶刷在肋排上均匀涂抹照烧酱，烤 5 分钟左右，翻面，再烤 3 分钟左右。涂抹照烧酱可以防止肋排烤焦。

照烧猪颈肉

Air fryer   180℃

10 分钟 → 5 分钟 →翻面 3 分钟

🥘 原料（2~3 人份）

（电子秤、汤匙计量）

主料

猪颈肉	500g
市面上常见的照烧酱	5~6 汤匙

腌料

蒜末	0.5 汤匙
清酒	1 汤匙
香草盐	0.3 汤匙

🧤 做法

❶ 猪颈肉切花刀，加入蒜末、清酒和香草盐，腌 5 分钟。

❷ 在炸篮底部铺一层油纸，放入猪颈肉，将温度设定为 180℃，烤 10 分钟左右。

❸ 在猪颈肉上均匀涂抹照烧酱，继续烤 5 分钟左右。

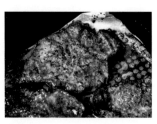

❹ 翻面，再烤 3 分钟即可。

Tip 请根据空气炸锅的机型和肉的厚度调节温度与时间。

> 有了空气炸锅，不太受欢迎的猪颈肉也能变身为高级菜肴，搭配照烧酱一起烤，味道好极了。可以利用烤猪颈肉的时间准备小菜。

Air fryer 180℃

 → 翻面
8 分钟　　　　　8 分钟

酱香鸡翅中

🍲 原料（2~3 人份）

（电子秤、汤匙计量）

主料

鸡翅中	500g（20 个左右）

腌料

蒜末	1 汤匙
酱油	2 汤匙
蜂蜜（或枫糖浆）	2 汤匙
橄榄油	1 汤匙
清酒	1 汤匙
姜汁（或姜粉）	0.3 汤匙
香草盐	0.5 汤匙

🧤 做法

❶ 鸡翅中冷水洗净，用厨房纸巾擦掉多余的水分，放入碗中。加入蒜末、酱油、蜂蜜、橄榄油、清酒、姜汁和香草盐，搅拌均匀，腌 10 分钟。

❷ 在炸篮底部铺一层油纸，均匀地摆放上腌好的鸡翅中。将温度设定为 180℃，烤 8 分钟左右。在炸篮底部铺油纸可以防止鸡皮粘在炸篮上。

自从有了空气炸锅，我在家里做肉菜更大胆了。只要将肉类稍微腌一下，然后放入空气炸锅，就能做出一道美味，而且很少失败。在所有肉类当中，鸡翅是最容易做的，我经常在家做这道酱香鸡翅中。

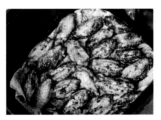

❸ 翻面，再烤 8 分钟左右。

Tip 请根据空气炸锅的机型调节温度与时间。

香辣鸡翅中

今天要做的是将腌好的鸡翅中用空气炸锅烤熟后再拌入香辣汁的香辣鸡翅中。每次给孩子们做完这道菜，问他们"妈妈做的菜是全世界最好吃的吧？"时，他们总会不停地点头。现在，让我们一起来为家人做这道香辣鸡翅中吧。

Air fryer 180℃ → 翻面

8 分钟　　　　　8 分钟

🍲 原料（2~3 人份）

（电子秤、量杯、汤匙计量）

主料
鸡翅中	500g

腌料
香草盐	适量
清酒	2 汤匙
蒜末	0.5 汤匙
橄榄油	3 汤匙

炸粉
土豆淀粉	2 汤匙

香辣汁
青阳辣椒（切成段）	1 个
干红辣椒	10 个
蒜末	1 汤匙
酱油	2 汤匙
白糖	1 汤匙
食醋	2 汤匙
低聚糖	3 汤匙
清酒	2 汤匙
水	1/2 量杯
食用油	适量

铺上油纸可以防止鸡皮粘在炸篮上。

🧤 做法

❶ 鸡翅中冷水洗净，用厨房纸巾擦掉多余的水分，放入腌料，腌 10 分钟后加入土豆淀粉，搅拌均匀。

Tip 虽然鸡翅中本身含油脂，但加一些油味道会更好。

❷ 在炸篮底部铺一层油纸，均匀地摆放上腌好的鸡翅中，将温度设定为 180℃，烤 8 分钟。翻面，再烤 8 分钟。

Tip 请根据空气炸锅的机型调节温度与时间。

❸ 炒锅中倒入食用油，油热后放入青阳辣椒、干红辣椒和蒜末炒香，然后加入酱油、白糖、食醋、低聚糖、清酒和水，翻炒至总量减少一半，制成香辣汁。

❹ 将事先烤好的鸡翅中倒入香辣汁中拌匀。

烤鸡腿肉

因为想知道是否能用空气炸锅做炸鸡，所以尝试做了一次。结论是，成品虽不像油炸的那样酥脆，但是很健康，而且简单易做。

Air fryer 200℃ → 翻面

10 分钟　　　　10 分钟

原料（2~3 人份）

（电子秤、汤匙计量）

主料

去骨鸡腿肉

500g（5~6 块）

市面上常见的炸鸡粉

5~6 汤匙

腌料

清酒　　　　　2 汤匙

盐　　　　　　少许

做法

❶ 将鸡腿肉洗净，沥干水分。加入清酒和盐腌一下。

❷ 将炸鸡粉倒入碗中，将鸡腿肉依次放入碗中裹一层粉，静置 10 分钟左右。

Tip 用炸鸡粉可以做简单的炸鸡。另外，炸海鲜时，裹一层炸鸡粉炸出的成品味道更好。

❸ 在炸篮底部铺一层油纸，取适量鸡腿肉放入炸篮中，带皮的一面朝上。将温度设定为 200℃，烤 10 分钟左右。

Tip 如果想让烤鸡腿肉更酥脆，裹粉后可在鸡腿肉表面刷一层油。

❹ 翻面，再烤 10 分钟左右。剩下的鸡腿肉也按照相同的方法烤熟。

Tip 请根据空气炸锅的机型调节温度与时间。

独家秘诀

如果想加热吃剩的炸鸡，将空气炸锅设定为 160℃，烤 5~7 分钟，即可完美还原炸鸡原本的味道。

烤鸡翅根

 Air fryer 200℃

 → 翻面
10 分钟　　8~10 分钟

🥘 原料（2 人份）

（电子秤、汤匙计量）

主料

鸡翅根	500g（13~14 个）

腌料

香草盐	0.5 汤匙
蒜末	0.5 汤匙
料酒（或清酒）	1 汤匙
咖喱粉	2 汤匙
橄榄油	2 汤匙

🧤 做法

❶ 将鸡翅根洗净后沥干水分，加入香草盐、蒜末、料酒、咖喱粉和橄榄油，搅拌均匀，腌 20~30 分钟。

❷ 在炸篮底部铺一层油纸，均匀摆放上腌好的鸡翅根，将温度设定为 200℃，烤 10 分钟左右。

❸ 翻面，再烤 8~10 分钟。

❹ 如果还没完全烤熟，将没烤熟的部分朝上放置继续烤，直至烤熟。

Tip 请根据空气炸锅的机型调节温度与时间。

 独家秘诀

腌好的鸡翅根可以在冰箱中冷藏保存一天。翻面虽然有点儿麻烦，但一定要翻。为了让鸡翅根均匀地烤熟，要在旁边随时观察，可以根据实际情况调整烤制时间。

用空气炸锅烤的鸡翅根肯定会大卖吧？用烤肋排的方法烤鸡翅根，成品非常好吃。设定好时间，然后去做其他美食，等听到空气炸锅"叮"地响了之后，就会有两份美食摆在眼前了！

Air fryer 200℃

 → 翻面
15 分钟　　10~15 分钟

原料（2~3 人份）
（汤匙计量）

主料

| 整鸡 | 1 只（约 900g） |

腌料

蒜末	1 汤匙
清酒（或料酒）	2 汤匙
香草盐	1 汤匙
咖喱粉	2 汤匙
橄榄油	3 汤匙

独家秘诀

用空气炸锅烤鸡能让多余的油脂从鸡身上流出来，而且能将鸡的表面烤得金黄酥脆。鸡肉提前腌一下会更入味。如果将鸡腿、鸡胸分开烤就更好了。

我想用空气炸锅做的另一道美食是烤鸡。也许你会想，空气炸锅居然可以烤鸡！真神奇！我们要做的这道烤鸡事先被我切成了四块。如果想将整只鸡彻底烤熟，那就要像我一样把它切成四块来烤。现在，让我们一起来烤鸡吧。

烤鸡

做法

❶ 去掉鸡屁股、鸡脖子和鸡翅尖，撕掉油脂后将鸡洗净，并切成四块。加入蒜末、清酒和香草盐，搅拌均匀。

❷ 加入咖喱粉和橄榄油，搅拌均匀，腌 20~30 分钟。

❸ 在炸篮底部铺一层油纸，将其中 2 块放入炸篮，将温度设定为 200℃，烤 15 分钟左右。

❹ 翻面，再烤 10~15 分钟。剩余的 2 块用同样的方法烤熟。

Tip 大容量空气炸锅可以一次性烤 4 块。

烤咖喱鸡腿肉

Air fryer 200℃

 → 翻面

10 分钟　　5~10 分钟

🍲 原料（2 人份）

（电子秤、汤匙计量）

主料

去骨鸡腿肉	400g 左右
	（4~6 块）

腌料

香草盐	0.3 汤匙
蒜末	0.5 汤匙
清酒	1 汤匙
橄榄油	2 汤匙
咖喱粉	2 汤匙

🧤 做法

❶ 鸡腿肉中先加入香草盐，然后将蒜末、清酒和橄榄油均匀地涂抹在表面。

Tip 可多放些香草盐，使鸡腿肉更加入味。

❷ 均匀撒上咖喱粉，至少腌30 分钟。

Tip 可以提前腌好，放入冰箱冷藏保存，待用时取出。

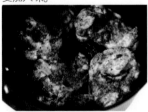

❸ 在炸篮底部铺一层油纸，放入腌好的鸡腿肉，将温度设定为 200℃，烤 10 分钟。

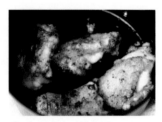

❹ 表面烤至金黄后，翻面，继续烤 5~10 分钟。剩下的鸡腿肉用同样的方法烤熟。

Tip 大容量空气炸锅可一次性烤4~6 块鸡腿肉。

将提前腌好的鸡腿肉放入空气炸锅中烤熟，吃的时候会有一种吃牛排的幸福感。尽量减少腌料的使用，这样才能突出食材本身的味道，使烤出的鸡腿肉味道更好。

Air fryer 200℃

 → 翻面

10 分钟　　　5~7 分钟

🍲 原料（2 人份）

（电子秤、汤匙计量）

主料

猪肋排	500g

腌料

香草盐	0.3 汤匙
蒜末	0.5 汤匙
清酒	1 汤匙
咖喱粉	2 汤匙
橄榄油	2 汤匙

用空气炸锅做这道香烤肋排也很简单——用香草盐和咖喱粉调味，用大蒜和清酒去腥，再加入橄榄油。成品味道好极了。

香烤肋排

🧤 做法

❶ 猪肋排切小段，用水多次冲洗后放入水中浸泡20分钟，取出放入碗中。

❷ 加入香草盐、蒜末、清酒、咖喱粉和橄榄油，搅拌均匀，至少腌 1 小时。

Tip 在表面划几道口子，会让肋排更入味。

❸ 将腌好的肋排放入炸篮中，将温度设定为 200℃，烤 10 分钟左右。

Tip 请根据空气炸锅的机型调节温度与时间。

❹ 翻面，再烤 5~7 分钟。

Tip 如空气炸锅容量较小，可分两次烤。

烤洋葱熏鸭

Air fryer 180℃

→ 翻面

7 分钟　　　　　5 分钟

原料（2人份）

（电子秤计量）

主料

熏鸭	300g
洋葱	1 个
大蒜	15 瓣

辅料

青阳辣椒	1 个
红辣椒	1/2 个

做法

❶ 洋葱切圈，青阳辣椒和红辣椒斜切成小段，熏鸭切成厚薄适宜的片。

❷ 先在炸篮中铺上洋葱，然后放上熏鸭、蒜瓣和辣椒。辣椒要分散放，这样烤好的熏鸭香辣味才均匀。

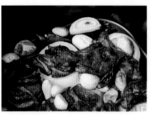

❸ 将温度设定为 180℃，烤 7 分钟左右。

Tip 请根据空气炸锅的机型调节温度与时间。

❹ 翻面，再烤 5 分钟左右。

Tip 为了让食材烤得均匀，在烤的过程中要翻一次面。

 独家秘诀

洋葱和蒜瓣在烤的过程中会吸收熏鸭分离出的油脂，从而变得香软可口。

孩子们最喜欢这道洋葱熏鸭了，若担心用平底锅做太油腻，可以用空气炸锅做。将已经去掉了大量油脂的熏鸭和洋葱、蒜瓣一起烤一下，味道特别好。

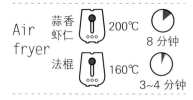

Air fryer

蒜香虾仁　200℃　8 分钟

法棍　160℃　3~4 分钟

蒜香虾仁

🥘 原料（2~3 人份）

（量杯、汤匙计量）

主料

虾仁（大）	20 只
大蒜	20 瓣
青阳辣椒	10 个
意大利辣椒（或干红辣椒）	10 个
橄榄油	2/3 量杯

推荐搭配

| 法棍（或夏巴塔） | 适量 |

调料

膳府大豆发酵调味汁	1 汤匙
料酒	1 汤匙
香草盐	适量

独家秘诀

法棍也可以不烤，直接搭配蒜香虾仁食用。

蒜香虾仁是一道高级的西班牙菜肴，用普通的锅烹制比较麻烦。不过如果有空气炸锅，做起来就简单多了。

🧤 做法

❶ 虾仁洗净备用。每瓣蒜切成 2~3 块，每个青阳辣椒一切为二。

Tip 这里我用干红辣椒代替了意大利辣椒。

❷ 将除橄榄油外的其他主料放入耐高温容器中，加入膳府大豆发酵调味汁、料酒和香草盐，然后倒入橄榄油，搅拌均匀。

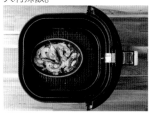

❸ 将耐高温容器放入炸篮中，将温度设定为 200℃，烤 8 分钟左右，取出。

Tip 取的时候一定要戴上隔热手套，以免烫伤。

❹ 法棍切片，放入炸篮中，将温度设定为 160℃，烤 3~4 分钟，搭配烤好的蒜香虾仁食用。

柠檬蛋黄酱虾仁

Air fryer   180℃

7 分钟

🍲 原料（2人份）

（汤匙计量）

主料

炸虾仁	10 只

柠檬蛋黄酱

蛋黄酱	4 汤匙
白糖	1 汤匙
柠檬汁	2 汤匙
盐	少许

🧤 做法

❶ 将炸虾仁放入炸篮中，将
温度设定为180℃，烤7分
钟左右。

Tip 请根据空气炸锅的机型调节
温度与时间。

❷ 将蛋黄酱、白糖、柠檬汁
和盐混合，搅拌均匀，制成
柠檬蛋黄酱。

Tip 可以掺入一些原味酸奶，并
减少蛋黄酱的用量。

❸ 虾仁烤好后盛盘，淋上柠
檬蛋黄酱。

Tip 周围可以用柠檬片装饰。

 独家秘诀

用大虾仁做才能有餐厅的味
道。可以买一些已经炸好的大虾
仁来做这道菜。

今天的主角是虾仁。先烤一下
炸虾仁，再做一份柠檬蛋黄酱即可。
可以在烤虾仁期间做柠檬蛋黄酱。

Air fryer 180℃

 7 分钟

🥣 原料（2 人份）

（汤匙计量）

主料

炸虾仁	10 只

酱汁

切碎的红辣椒	2 汤匙
洋葱碎	2 汤匙
蒜末	0.5 汤匙
酱油	2 汤匙
白糖	1 汤匙
食醋	2 汤匙
低聚糖	2 汤匙
水	5 汤匙
胡椒粉	少许
食用油	少许

如果想让这道辣味烤虾的辣味更足，可在制作酱汁时加入切碎的青阳辣椒或干红辣椒。

这道空气炸锅美食是以辣味酱汁为基础的辣味烤虾。从外面买一些炸虾仁，放入空气炸锅中烤一下，在烤的过程中制作酱汁，然后将烤好的虾仁放入酱汁中翻炒一下即可。

辣味烤虾

🍚 做法

❶ 将炸虾仁放入炸篮中，将温度设定为 180℃，烤 7 分钟左右。

Tip 请根据空气炸锅的机型调节温度与时间。

❷ 炒锅中倒入食用油，油热后加入切碎的红辣椒和洋葱碎炒香，然后放入蒜末、酱油、白糖、食醋、低聚糖和水，煮开，制成酱汁。

❸ 将烤好的虾仁取出，放入酱汁中翻炒几下，最后撒上胡椒粉。

Tip 最好用现磨胡椒粉。

甜辣虾仁

Air fryer 180℃

 7分钟

🍲 原料（2人份）

（汤匙计量）

主料

炸虾仁	10 只

酱汁

切碎的红辣椒	2 汤匙
洋葱碎	2 汤匙
甜辣酱	4 汤匙
番茄酱	2 汤匙
低聚糖	1 汤匙
水	3 汤匙
食用油	少许
胡椒粉	少许

🧤 做法

❶ 将炸虾仁放入炸篮中，将温度设定为180℃，烤7分钟左右。

Tip 请根据空气炸锅的机型调节温度与时间。

❷ 烤制期间，在炒锅中倒入食用油，加入切碎的红辣椒和洋葱碎炒香，然后加入甜辣酱、番茄酱、低聚糖和水，煮开，制成酱汁。

❸ 将烤好的虾仁取出，放到酱汁中翻炒几下，最后撒上胡椒粉。

Tip 最好用现磨胡椒粉。

"

最近市面上出现了越来越多的可以放入空气炸锅中烤制的便利食品。今天做的这道美食是我们经常在餐厅中吃到的甜辣虾仁，将炸虾仁放进空气炸锅中烤一下，然后放到调好的酱汁中翻炒一下即可。

"

黄油烤大虾

🍲 **原料（2 人份）**

（汤匙计量）

主料

大虾（中等大小）	15~20 只
大蒜	7 瓣
黄油	1 汤匙

装饰和蘸酱

欧芹粉	少许
甜辣酱	适量

独家秘诀

这道菜可以用来给孩子加餐。

我经常用平底锅做这道美食，不过用空气炸锅做更简单，在烹饪过程中只需翻一次面或者晃动几下炸篮即可。大虾和大蒜一起烤，味道更佳。现在，让我们开始制作这道美食吧。

🧤 **做法**

❶ 大虾剪去虾须，洗净备用。大蒜每瓣切成两半。

❷ 将大虾放入炸篮中，放入大蒜，然后将黄油均匀地分散在炸篮里。

❸ 将温度设定为 200℃，烤 10 分钟左右。当大虾变红的时候，翻面，再烤 2~3 分钟。盛盘，撒入欧芹粉，搭配甜辣酱食用。

黄油烤鲍鱼

Air fryer 180℃

 5 分钟

🍲 原料（2 人份）
（汤匙计量）

鲍鱼（中等大小）	7 个
熔化的黄油	1 汤匙
胡椒粉	少许
欧芹粉	少许

做法

❶ 将鲍鱼肉从壳里取出，将壳刷洗干净，去除鲍鱼嘴。

Tip 我没有去除鲍鱼的内脏。

❷ 在收拾好的鲍鱼肉表面划两三道口子，然后将鲍鱼肉重新放入鲍鱼壳。

❸ 将带壳的鲍鱼放入炸篮中，用硅胶刷在鲍鱼肉上均匀涂抹熔化的黄油，并撒上胡椒粉和欧芹粉。

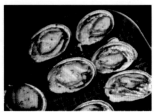

❹ 将温度设定为 180℃，烤5 分钟即可。

Tip 请根据空气炸锅的机型调节温度与时间。

"

将鲍鱼带壳放入空气炸锅中烤一下，就是一道既简单又高级的菜肴了。

"

Air fryer 200℃

10 分钟

烤三文鱼

🍲 原料（1~2 人份）
（电子秤、汤匙计量）

主料

三文鱼	200g
柠檬（或青柠）	3 片
迷迭香（可选）	少许

调料

清酒（或白葡萄酒）	2 汤匙
香草盐	适量
橄榄油	4 汤匙

🧤 做法

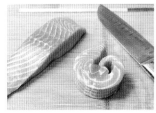

❶ 去除三文鱼的鱼鳞。

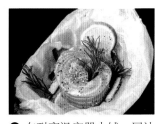

❷ 在耐高温容器中铺一层油纸，放入三文鱼、柠檬片和迷迭香。均匀地淋上清酒和橄榄油，再加入香草盐。

Tip 没有迷迭香的话也可不加。

 独家秘诀

　　也可以用油纸将三文鱼包起来烤。这也是一种烹饪方式。

　　空气炸锅竟然能做出如此高级的三文鱼美食！可以说是完美保留了鲜三文鱼的嫩滑和清香。

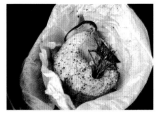

❸ 将温度设定为 200℃，烤10 分钟左右！

Tip 烤的时候最好给三文鱼翻一次面。

第四章

好消化的健康素食

　　与肉类美食相比，用空气炸锅做的蔬菜类美食逊色多了！你也是这么认为的吗？事实并非如此！被认为只有用烤箱才能做的蔬菜类美食，用空气炸锅来做的话，味道更好。对喜欢健康的蔬菜类美食的人来说，空气炸锅绝对是一个能给他们带来惊喜的小家电。

烤沙拉

> 人们一般喜欢吃凉拌沙拉，不过烤沙拉别有一番风味哦。烤沙拉不仅味道更香、更浓郁，而且还能让人一次性吃到很多种蔬菜。

Air fryer  180℃ 10 分钟

 原料（2 人份）
（电子秤、汤匙计量）

主料

西蓝花	200g
甜椒	1 个
卷心菜叶（巴掌大小）	7 片

调料

香草盐	0.5 汤匙

沙拉汁

蒜末	0.5 汤匙
芥末酱	0.3 汤匙
白糖	1 汤匙
芝麻盐	1 汤匙
生抽	2 汤匙
酱油	1 汤匙
食醋	3 汤匙
低聚糖	2 汤匙
水（或买来的沙拉调味汁）	3 汤匙

 独家秘诀

如果嫌自己做沙拉汁麻烦，可以用意大利巴萨米克醋代替。

 **做法**

❶ 西蓝花、甜椒和卷心菜叶切大块。

❷ 将所有蔬菜放入炸篮中，撒上香草盐。

Tip 可以提前腌一下蔬菜，这样烤出来味道更好。

❸ 将温度设定为 180℃，烤 10 分钟左右，其间可抽出炸篮轻轻晃动一下，给蔬菜翻面，以使其烤得均匀。在烤蔬菜期间准备沙拉汁：将蒜末、芥末酱、白糖、芝麻盐、生抽、酱油、食醋、低聚糖和水混合，搅拌均匀，制成沙拉汁，等蔬菜烤好后淋在上面。

Tip 请根据空气炸锅的机型调节温度与时间。

烤蔬菜

Air fryer 200℃

🕐 → 翻面 🕐
10 分钟　　　 5 分钟

🍲 原料（2 人份）

（汤匙计量）

主料

主料	
茄子	1 根
绿皮密生西葫芦	1/2 根
圣女果	15 颗
大蒜	10 瓣

调料

调料	
香草盐	1 汤匙
橄榄油	4 汤匙

🧤 做法

❶ 茄子、绿皮密生西葫芦切块，和圣女果、蒜瓣一起放入碗中。

Tip 请充分利用自家冰箱里剩余的蔬菜。

❷ 加入香草盐和橄榄油，搅拌均匀。

❸ 将蔬菜放入炸篮中，摆放均匀。

❹ 将温度设定为 200℃，烤 10 分钟左右，翻面，再烤 5 分钟左右。

❝
你吃过烤蔬菜吗？用空气炸锅烤的蔬菜非常好吃。有了它，我们就能一次吃到很多很好吃的蔬菜了。
❞

Air fryer 170℃

5~7 分钟

土豆盏

🍲 原料（3~4 人份）

（汤匙计量）

主料

| 土豆（小） | 4 个 |

土豆泥调料

葱末	2 汤匙
自制百搭肉酱	3 汤匙
马苏里拉奶酪	3 汤匙
蛋黄酱	3 汤匙
香草盐	适量

装饰

| 奶油奶酪 | 适量 |

独家秘诀

　　百搭肉酱是用调味后的猪肉糜炒制而成的，我经常将它放入各种菜中进行调味。制作方法参见第 38 页。也可以用烤培根碎或烤火腿碎代替百搭肉酱。

　　用空气炸锅还可以做土豆盏。土豆切成两半，蒸熟，将中间的部分挖出来碾成泥，和肉酱、奶酪等混合后盛入盏中，然后用空气炸锅烤一下即可。这道小吃非常适合招待客人，还可以作为零食食用。

🧤 做法

❶ 土豆带皮洗净，切成两半，开水入锅，大火蒸熟。放凉后用汤匙挖出中间的部分。

Tip 这里使用的土豆个头较小，蒸 15~20 分钟即可。

❷ 将挖出的土豆碾成泥，加入葱末、自制百搭肉酱、马苏里拉奶酪、蛋黄酱和香草盐，搅拌均匀，制成土豆泥。

❸ 将土豆泥盛入盏中，挤上奶油奶酪。

Tip 如果没有奶油奶酪，可放一些马苏里拉奶酪或其他奶酪。

❹ 将土豆盏放入炸篮中，将温度设定为 170℃，烤 5~7 分钟。

烤蘑菇

Air fryer　　　　180℃

10 分钟　→ 翻面　7~8 分钟

🍲 原料（2~3 人份）

（电子秤、汤匙计量）

主料

小平菇	300g
蟹味菇	150g

调料

橄榄油	3 汤匙
香草盐	适量

🧤 做法

❶ 去掉小平菇和蟹味菇的根部，用手将它们撕小一些。
Tip 小平菇和蟹味菇是最适合烤着吃的蘑菇。

❷ 将蘑菇放入碗中，加入橄榄油和香草盐，搅拌均匀。
Tip 加了橄榄油烤出的蘑菇味道更好。

❸ 将蘑菇均匀摆放在炸篮中，将温度设定为 180℃，烤 10 分钟左右。
Tip 请根据空气炸锅的机型调节温度与时间。

❹ 翻面，再烤 7~8 分钟。
Tip 蘑菇烤干后，口感酥脆，会给人一种吃点心的感觉。

如何才能更健康简单地吃蘑菇？答案是烤着吃！将蘑菇调味后烤熟，就是一道好吃的零食。

烤小土豆

Air fryer 180℃

 →

10~15 分钟   5 分钟

🍲 原料（2~3 人份）

（电子秤、量杯、汤匙计量）

主料

| 小土豆 | 400g（12~15 个） |

煮土豆用料

水	4 量杯
粗盐	0.5 汤匙
白糖	3 汤匙

调料

| 香草盐 | 0.5 汤匙 |
| 橄榄油 | 4 汤匙 |

也可以用熔化的黄油代替橄榄油。

❝

我用空气炸锅做的这道烤小土豆，卖相和口感丝毫不逊色于高速服务区卖的。如果说服务区卖的烤小土豆好吃的秘诀是加了糖和黄油，那么我的这道烤小土豆的亮点就在于加了橄榄油和香草盐。

❞

🧇 做法

❶ 小土豆带皮洗净，放入锅中，倒入水，放入粗盐和白糖。将土豆煮熟。

❷ 煮熟的小土豆捞出，沥干水分，自然冷却后每个切成两半。将小土豆放入碗中，加入香草盐和橄榄油，搅拌均匀。

❸ 将小土豆放入炸篮中，将温度设定为 180℃，烤 10~15 分钟。

❹ 观察小土豆的颜色以判断是否需要继续烤，如果需要就再烤 5 分钟。
Tip 烤成金黄色，口感更好。

牛油果烤蛋

Air fryer 180℃

 5 分钟

🍲 原料（2 人份）

（汤匙计量）

主料

牛油果	1 个
蛋黄	2 个
马苏里拉奶酪	2 汤匙

调料

香草盐	少许
欧芹粉	少许

🧤 做法

❶ 牛油果对半切开并去核。

❷ 将蛋黄倒入果核处，注意不要溢出。

Tip 不要因为嫌麻烦就把蛋清也加进去，这里只要蛋黄。

❸ 在表面撒上马苏里拉奶酪，再撒上少许香草盐和欧芹粉。

❹ 将牛油果放入炸篮中，将温度设定为 180℃，烤 5 分钟左右。

Tip 请根据空气炸锅的机型调节温度与时间。

> 只是将牛油果切开烤了一下而已，没想到会得到一件艺术品，味道也相当惊艳！制作过程也非常有趣。现在，让我们一起来做这道牛油果烤蛋吧！

Air fryer 3 分钟 → 200℃

10 分钟 → 1~2 分钟

板栗南瓜烤蛋

🍲 原料（2 人份）

（电子秤计量）

主料

板栗南瓜	2 个
鸡蛋	2 个
马苏里拉奶酪	80g
盐	少许

装饰

| 欧芹粉 | 适量 |

独家秘诀

　　板栗南瓜用微波炉加热一下才能轻松切开顶盖。如果觉得蒸南瓜太麻烦，可在挖出南瓜子和瓤之后，直接将南瓜放入空气炸锅中，将温度设定为 170℃，烤 15~20 分钟。可以在烤的过程中打入鸡蛋，然后烤熟。

　　这道美食制作方法很简单，只需将板栗南瓜蒸熟，把瓤掏出来，放入鸡蛋和奶酪，再用空气炸锅烤熟就行了。所以，如果觉得只烤板栗南瓜太单调，可以搭配其他食材一起烤着吃，同时还能享受烹饪的乐趣。

🧇 做法

❶ 板栗南瓜带皮洗净，在微波炉中加热 3 分钟。切开南瓜的顶盖，用汤匙将南瓜子和瓤掏干净。

❷ 将板栗南瓜放到蒸锅中蒸熟，放凉后打入一个鸡蛋，用汤匙将鸡蛋打散。加盐调味，然后放满马苏里拉奶酪。

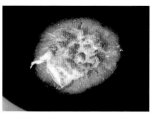

❸ 将板栗南瓜放入炸篮中，将温度设定为 200℃，烤 10 分钟左右。

❹ 待板栗南瓜表面变黄后取出，切成两半，放到微波炉中加热 1~2 分钟，最后撒上欧芹粉。用同样的方法烤另一个南瓜。大容量空气炸锅可一次性烤 2 个板栗南瓜。

烤土豆块

Air fryer 180℃

→ 翻面

10 分钟　　　　5 分钟

🍲 **原料（2~3 人份）**

（电子秤、汤匙、量杯计量）

主料

土豆	400g（3 个）

煮土豆用料

水	3 量杯
白糖	4 汤匙
粗盐	1 汤匙

调料

香草盐	0.5 汤匙
橄榄油	4 汤匙

装饰

欧芹粉	少许

🌽 做法

❶ 土豆带皮洗净，如图所示，每个切成 8 份。

❷ 锅中倒水，放入白糖和粗盐，待水沸后放入土豆块，不停搅拌直至土豆块半熟。

❸ 将半熟的土豆块捞出，沥干水分，自然冷却后放入碗中。加入香草盐和橄榄油，搅拌均匀，腌一会儿。

❹ 将腌好的土豆块放入炸篮中，将温度设定为 180℃，烤 10 分钟。翻面，再烤 5 分钟，最后撒上欧芹粉。

有了空气炸锅，烤土豆块也毫不费力。想要做出好吃的烤土豆块，就要提前将土豆块处理好并腌一下，这样更入味。让我们一起来制作香喷喷的烤土豆块吧！

Air fryer 200℃

7 分钟

🍲 原料（2~3 人份）

（电子秤、汤匙计量）

主料

双孢菇（大）	9 个
培根	2 片
洋葱	25g（1/8 个）
小葱	2 根
切片奶酪	1/2 片
马苏里拉奶酪	少许

调料

食用油	1 汤匙
胡椒粉	少许

烤双孢菇盏

"

生活中偶尔也需要做些精致的美味犒劳自己。以前用烤箱做的烤双孢菇盏，现在我已经改用空气炸锅做了，而且这道菜每次都大受欢迎哦。

"

做法

❶ 切下双孢菇的菇柄，剥掉菇盖的表皮。将菇柄切碎，培根、洋葱和小葱也切碎。

❷ 在炒锅中倒入食用油，将切好的食材炒一下，最后加入胡椒粉。由于培根很咸，无须再加其他调料。

❸ 将炒好的食材盛入双孢菇中，将切片奶酪切成条，和马苏里拉奶酪一起铺在食材顶部。

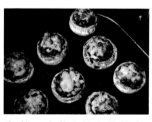

❹ 将双孢菇盏放入炸篮中，将温度设定为 200℃，烤 7 分钟左右。

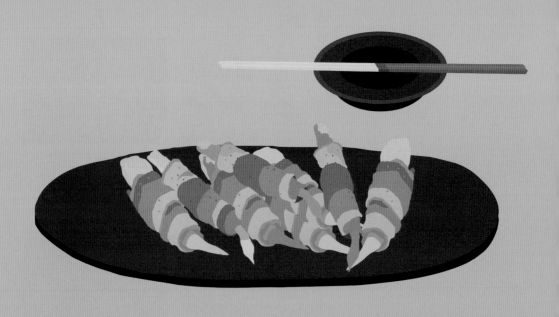

第五章

孩子吃光光的下饭菜

用空气炸锅还能做下饭菜？到底什么菜是空气炸锅不能做的？提到下饭菜，我们首先想到的是咸味的吧？用空气炸锅做的咸味下饭菜味道好极了。

咸香味烤海苔

Air fryer 160℃

 5 分钟

🍲 原料（1人份）

（汤匙计量）

主料

海苔	10 片

酱汁

香油（或紫苏籽油）	1 汤匙
食用油	2 汤匙
竹盐	0.3 汤匙

🧤 做法

❶ 将香油、食用油和竹盐混合，用硅胶刷搅拌均匀。

Tip 将香油或紫苏籽油与食用油按 1∶2 的比例混合，味道很好。

❷ 将香油混合物用硅胶刷刷在海苔上。

Tip 也可以戴上一次性手套，用手将香油混合物涂抹在海苔上。

❸ 将涂抹好香油混合物的海苔切成 6~8 份。

❹ 将海苔放入炸篮中，将温度设定为 160℃，烤 5 分钟。

Tip 海苔一定要竖着放，横着放的话上面容易烤焦，而下面则不容易烤熟。

 独家秘诀

用小容量空气炸锅烤海苔时，最好将海苔切成 8 份，以便让炸篮上方有足够的空间。小容量空气炸锅适合烤 10 片海苔，中等容量的空气炸锅适合烤 20 片，大容量的空气炸锅适合烤 30 片。

大容量空气炸锅更适合烤海苔。为了减少步骤，我没有依次在海苔上涂油和撒盐，而是直接做了酱汁涂刷在海苔上。

Air fryer 160℃

 5 分钟

葱香味烤海苔

🍲 原料（3 人份）

（汤匙计量）

主料

海苔	30 片

料汁

鸡蛋拌饭惊喜酱汁	4 汤匙
香油	1 汤匙
蒜末	0.3 汤匙
葱末	2 汤匙
辣椒碎	1 汤匙
芝麻盐	0.5 汤匙

独家秘诀

文氏厨房鸡蛋拌饭惊喜酱汁是我的发明，它是一款能让鸡蛋酱油拌饭更好吃的酱汁，做菜时可以用它代替普通酱油。

66

用空气炸锅烤的海苔简直完美。烤的时候，海苔若横着放容易粘在炸篮上，因此最好竖着放。这里我要感谢一下告诉我这个秘诀的好友。

99

🍚 做法

❶ 将鸡蛋拌饭惊喜酱汁、香油、蒜末、葱末、辣椒碎和芝麻盐混合，搅拌均匀，制成料汁。

❷ 海苔切成 6 份。

Tip 吃多少烤多少。另外，请根据炸篮的大小确定竖着时可以放入的海苔量。小容量空气炸锅烤10 片最合适。

❸ 将切好的海苔竖着放入炸篮中。

❹ 将温度设定为 160℃，烤5 分钟左右，就可以搭配热乎乎的米饭和料汁食用了。

Tip 请根据空气炸锅的机型调节温度与时间。

烤午餐肉和洋葱鸡蛋盏

Air fryer 180℃

 7 分钟

原料（2 人份）

（粗略计量）

主料

午餐肉（或火腿罐头）	1 罐（200g）
洋葱	1/2 个
鸡蛋	2 个

调料

盐	少许
胡椒粉	少许
欧芹粉	少许

做法

❶ 午餐肉切成 6 份。如图所示，用洋葱外层的鳞片叶切出 2 个盏。

Tip 再撕一片鳞片叶，铺在底部，填补下面的窟窿。

❷ 在洋葱盏中各打入一个鸡蛋，撒上少许盐、胡椒粉和欧芹粉。

❸ 将午餐肉和洋葱鸡蛋盏放入炸篮中。

❹ 将温度设定为 180℃，烤 7 分钟左右。

独家秘诀

午餐肉切成 4 份烤比切成 6 份烤更好吃哦。另外，鸡蛋我烤了 8 分熟，因为我喜欢半熟的蛋黄，所以我将时间设定为 7 分钟。大家可以根据个人喜好自行调节时间。

空气炸锅的神奇之处就在于连下饭菜也能做得如此好吃，其中能将我们带入美食天堂的一道下饭菜就是烤午餐肉。它和洋葱鸡蛋盏搭配在一起，堪称绝妙的组合。

Air fryer 180~200℃

10 分钟 → 翻面　5 分钟

🍲 原料（1 人份）

（电子秤、汤匙计量）

主料

鸡腿排半成品	100g
米饭	200g
洋葱	1/2 个
小葱	1 根
蛋黄酱	适量
食用油	少许

调料

酱油	1 汤匙
料酒	2 汤匙
低聚糖	1 汤匙
胡椒粉	少许

独家秘诀

可以将蛋黄酱装入保鲜袋中，在袋子的一角剪个小口子，将蛋黄酱均匀地挤在盖饭上。

这是一道用买来的鸡腿排半成品制作的盖饭，盖饭里的炒洋葱可以说是点睛之笔，再配上蛋黄酱，简直是人间美味。

鸡腿排盖饭

🧤 做法

❶ 将空气炸锅设定为 180 ~ 200℃，预热 5 分钟，然后将鸡腿排半成品鸡皮朝上放入炸篮中，烤 10 分钟左右，翻面，再烤 5 分钟左右。

Tip 请根据空气炸锅的机型调节温度与时间。

❷ 炒锅倒入食用油，放入切成丝的洋葱，加入酱油、料酒、低聚糖和胡椒粉，翻炒均匀。

❸ 将烤好的鸡腿排切小一些，小葱切末。

❹ 盛一碗米饭，放上炒洋葱和鸡腿排，然后挤上蛋黄酱并撒上葱末。

甜辣豆腐

 Air fryer　200℃

5 分钟 → 翻面 5 分钟

🥘 原料（2 人份）

（电子秤、汤匙计量）

主料

豆腐	300g
小葱	少许
芝麻	适量

调料

香草盐	少许

甜辣酱汁

辣椒酱	1 汤匙
番茄酱	1 汤匙
酱油	2 汤匙
低聚糖	3 汤匙
香油	0.5 汤匙

🧤 做法

❶ 豆腐切成大小适宜的块，小葱切末。

❷ 在炸篮底部铺一层油纸，放入豆腐，将香草盐撒在豆腐表面。

❸ 将温度设定为 200℃，烤 5 分钟左右，翻面，再烤 5 分钟左右。

Tip 请根据空气炸锅的机型调节温度与时间。

❹ 炒锅中放入辣椒酱、番茄酱、酱油、低聚糖和香油，加热并搅拌，制成甜辣酱汁。将豆腐放入酱汁中翻拌均匀，最后撒上小葱末和芝麻。

用空气炸锅还能做甜辣豆腐。将豆腐放到空气炸锅中烤一下，随着水分的蒸发，豆腐的口感会变得筋道。再配上自制的甜辣酱汁，绝对是人间美味。

Air fryer　200℃

→ 翻面

5 分钟　　　5 分钟

🍲 原料（2 人份）

（电子秤、汤匙计量）

主料

豆腐	300g
大葱	2 根

烤豆腐用料

咖喱粉	1 汤匙
食用油	适量

拌葱丝用料

辣椒粉	1 汤匙
白糖	1 汤匙
食醋	1 汤匙
酱油	2 汤匙
香油	1 汤匙
芝麻盐	0.5 汤匙

这道用空气炸锅做的烤豆腐，表面裹着一层咖喱粉，搭配拌葱丝一起吃，别有一番风味。

烤咖喱豆腐

🧤 做法

❶ 豆腐均匀切成 7 块，先在表面涂抹一层咖喱粉，再用硅胶刷刷一层食用油。

❷ 在炸篮底部铺一层油纸，在油纸表面涂抹一层食用油，将豆腐放进去。将温度设定为 200℃，烤 5 分钟左右。

❸ 翻面，再烤 5 分钟左右。

Tip 请根据空气炸锅的机型调节温度与时间。

❹ 大葱切丝。将辣椒粉、白糖、食醋、酱油、香油和芝麻盐混合在一起，搅拌均匀，然后放入葱丝拌匀，搭配烤好的豆腐食用。

辣椒培根卷

Air fryer   180℃

🕐 7 分钟

🍲 **原料（2人份）**
（粗略计量）

青辣椒	9 个
培根	9 片
胡椒粉	少许

🧤 **做法**

❶ 将青辣椒竖着从中间切开，去除辣椒籽。
Tip 请选用不太辣的品种。

❷ 用培根将青辣椒卷起来。
Tip 如果不想让培根卷太辣，只卷一半辣椒即可。如果喜欢辣一点儿的，就将两半辣椒叠在一起用培根卷起来。

❸ 将辣椒培根卷依次放入炸篮中，需要固定的一侧朝下。
Tip 需要固定的一侧朝下的话，在烤的过程中，培根的接缝处就会粘上。

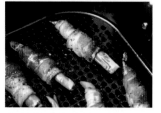

❹ 将温度设定为180℃，烤7分钟左右，最后撒少许胡椒粉。
Tip 请根据空气炸锅的机型调节温度与时间。

❝

这道菜也可以用平底锅做，不过用空气炸锅做更方便。将青辣椒用培根卷起来，就是韩式培根卷。多人聚餐时，做这道菜很合适。

❞

Air fryer 200℃

 7 分钟

烤茄子

原料（2 人份）
（电子秤、汤匙计量）

主料

茄子	400g（2 根）

酱汁

葱末	1 汤匙
红辣椒碎（可选）	1 汤匙
蒜末	0.5 汤匙
辣椒粉	0.5 汤匙
辣椒酱	0.5 汤匙
酱油	2 汤匙
低聚糖	1 汤匙
香油	1 汤匙
芝麻	0.5 汤匙

独家秘诀

调酱汁时也可以不加辣椒酱。

空气炸锅既可以用来做零食，也可以用来做下饭菜。我一般用空气炸锅做肉类下饭菜，不过今天我要向大家介绍一道蔬菜类下饭菜——烤茄子。用空气炸锅做的烤茄子非常好吃。

做法

❶ 将葱末、红辣椒碎、蒜末、辣椒粉、辣椒酱、酱油、低聚糖、香油和芝麻混合，搅拌均匀，制成酱汁。

❷ 茄子去蒂后竖着切成 3 份，每份再均匀切成 4 段。

❸ 将茄子均匀摆放在炸篮中。

❹ 将温度设定为 200℃，烤 7 分钟左右。取出，淋上酱汁。
Tip 请根据空气炸锅的机型调节温度与时间。

烤鲅鱼

Air fryer 200℃

7 分钟 → 翻面 3~5 分钟

🥘 原料（2 人份）

（粗略计量）

主料

鲅鱼	2~3 块
食用油	适量

调料

胡椒碎	少许
柠檬（挤汁用，可选）	2 片

🧤 做法

❶ 在处理好的鲅鱼块上划几道口子，用硅胶刷在表面刷一层食用油。

❷ 在炸篮底部铺一层油纸，放入鲅鱼。

❸ 将温度设定为 200℃，烤 7 分钟，翻面再烤 3~5 分钟。装盘，撒上胡椒碎并挤上柠檬汁。

Tip 请根据空气炸锅的机型调节温度与时间。

一定要用空气炸锅做一次烤鱼。在各种鱼中，我比较喜欢腥味较小的鲅鱼。在鲅鱼表面刷一层油，放入空气炸锅中烤一下，外焦里嫩的烤鲅鱼就做好了。

Air fryer　　 200℃

 → 翻面

10 分钟　　　5~10 分钟

🍲 原料（2~3 人份）

（汤匙计量）

主料

鲽鱼（大）	1 条
黄油	1 汤匙

裹粉

韩式煎饼粉	2 汤匙
咖喱粉	1 汤匙

烤鱼时一定要在炸篮底部铺上油纸。万一鱼皮粘在炸篮上，不仅影响成品的美观，鱼肉也会随之掉落。而且，在烤的过程中滴落到油纸上的黄油或食用油会让烤鱼的另一面也富有光泽。在烤的过程中请随时观察鱼是否变成金黄色，以判断是否烤熟。

用空气炸锅烤鱼，虽然需要的时间较长，但是能够减少鱼腥味，并且不会四处溅油。

烤鲽鱼

🧤 做法

❶ 鲽鱼去掉鱼头、鱼鳍和内脏，用冷水洗净，切成几块，用厨房纸巾擦干水分。

❷ 将韩式煎饼粉和咖喱粉混合在一起，将鲽鱼块放入，在其表面均匀裹上一层粉。抖动一下，让多余的粉掉落。

❸ 将鲽鱼块放入炸篮中，将温度设定为 200℃，烤 10 分钟左右。

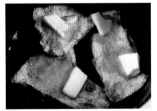

❹ 翻面，在鲽鱼块上放上黄油，再烤 5~10 分钟即可。

Tip 在鲽鱼块表面放上黄油或刷一层食用油，会让烤好的鲽鱼块更有光泽，味道也更好。

凉拌小杏鲍菇

Air fryer 200℃

 5 分钟

🥣 原料（2~3 人份）

（电子秤、汤匙计量）

主料

小杏鲍菇	300g

调料

烤盐	少许
香油	1 汤匙
小葱	1 根
芝麻盐	0.5 汤匙

🧤 做法

❶ 将小杏鲍菇轻柔地清洗干净，沥干水分；小葱切末。

❷ 将小杏鲍菇放入炸篮中，将温度设定为200℃，烤5分钟左右。

Tip 请根据空气炸锅的机型调节温度与时间。

❸ 将烤好的杏鲍菇盛入碗中，加入烤盐、香油、小葱末和芝麻盐，搅拌均匀。

小杏鲍菇一般出现在大酱汤中，今天让我们尝试用空气炸锅烤一下小杏鲍菇。小杏鲍菇的口感非常好，用空气炸锅烤了之后凉拌一下，口感更好。

Air fryer 200℃

 5 分钟

🍲 原料（2 人份）

（汤匙计量）

主料

鱿鱼（小）	4 只

腌料

香草盐	0.5 汤匙
干红辣椒碎	0.3 汤匙
橄榄油	4 汤匙

蘸酱

甜辣酱	适量

独家秘诀

干红辣椒碎的做法是将干红辣椒捣碎，保留辣椒籽。干红辣椒碎加热后更辣，适合在做鱼、肉或蔬菜时添加。如果用的不是小鱿鱼，而是大一点儿的鱿鱼，需酌情延长烤制时间。

用空气炸锅烤鱿鱼时，提前将鱿鱼腌一下，可以让鱿鱼的口感更柔滑。今天，我就向大家介绍烤鱿鱼的方法。

烤鱿鱼

🍳 做法

❶ 鱿鱼去除内脏，将鱿鱼须切下来一起洗净，如图所示在剩下的部分的边缘划上口子。

Tip 划上口子能让鱿鱼更入味，更容易熟。

❷ 将鱿鱼放入碗中，加入香草盐、干红辣椒碎和橄榄油，搅拌均匀。

❸ 将鱿鱼放入炸篮中，将温度设定为 200℃，烤 5 分钟左右。取出，搭配甜辣酱食用。

酱汁烤鱿鱼

　　鱿鱼腌制后放入空气炸锅中烤一下，是一道很不错的下饭菜。现在，让我们来做这道能够刺激食欲的下饭菜吧。

Air fryer  200℃   3 分钟 → 5 分钟

原料（2 人份）

（汤匙计量）

主料

鱿鱼（小）	6 只

腌料

香草盐	0.3 汤匙
橄榄油	2 汤匙

酱汁

辣椒酱	2 汤匙
白糖	1 汤匙
蒜末	0.5 汤匙
酱油	1 汤匙
料酒	1 汤匙
姜汁（可选）	少许
低聚糖	1 汤匙
香油	1 汤匙

装饰

青辣椒碎	适量
芝麻	适量

做法

❶ 鱿鱼去除内脏。将鱿鱼须切下来，一起洗净，如图所示，在剩下的部分的边缘划上口子。加入香草盐和橄榄油，搅拌均匀，略微腌一会儿。

Tip 如果使用的是中等大小的鱿鱼，用 2 条即可。

❷ 碗中放入辣椒酱、白糖、蒜末、酱油、料酒、姜汁、低聚糖和香油，搅拌均匀，制成酱汁备用。

❸ 将鱿鱼放入炸篮中，将温度设定为 200℃，烤 3 分钟左右。取出鱿鱼，拌上酱汁。

Tip 请根据空气炸锅的机型调节温度与时间。

❹ 在炸篮底部铺一层油纸，放入调好味的鱿鱼，再烤 5 分钟左右。盛盘，撒上青辣椒碎和芝麻。

Tip 烤的时候为防止酱汁流到炸篮底部，请铺一层油纸。

意大利烤蛋饼

Air fryer 160℃

 20 分钟

🍲 原料（2人份）
（量杯、汤匙计量）

主料

西蓝花	1 朵
圣女果	5 颗
维也纳香肠	5 根
大葱	1 根

蛋液

鸡蛋	3 个
牛奶	1/4 量杯
膳府大豆发酵调味汁	1 汤匙
胡椒粉	少许

🧤 做法

❶ 西蓝花切成小朵，圣女果每颗切成两半。维也纳香肠和大葱切碎。

❷ 将鸡蛋、牛奶、膳府大豆发酵调味汁和胡椒粉放入碗中，搅拌均匀，制成蛋液。

❸ 将第1步处理好的食材放入耐高温容器中，倒入蛋液，放入炸篮中。

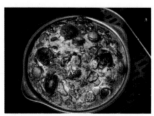

❹ 将温度设定为 160℃，烤20 分钟左右。
Tip 想要将蛋饼彻底烤熟，应该以低温烤制较长时间。

 独家秘诀

膳府大豆发酵调味汁是用大豆发酵液和蔬菜制成的调味汁，能为食物提鲜。

意大利烤蛋饼可以说是一道西式鸡蛋羹，利用空气炸锅做这道菜，可以将冰箱里剩余的蔬菜和其他各种食材解决掉。这道菜宜低温慢烤。

Air fryer　　200℃

🕐 → 翻面 🕐
10 分钟　　　3 分钟

凉拌烤西葫芦

🍲 **原料（2 人份）**

（汤匙计量）

主料

绿皮密生西葫芦	1 根

调味汁

葱末	2 汤匙
青辣椒碎	2 汤匙
辣椒粉	1 汤匙
酱油	2 汤匙
蒜末	0.5 汤匙
低聚糖	1 汤匙
香油	1 汤匙
芝麻盐	0.5 汤匙

🧤 **做法**

❶ 绿皮密生西葫芦切成较厚的半月形，整齐摆放在炸篮中。

❷ 将温度设定为 200℃，烤 10 分钟左右，翻面，再烤 3 分钟左右。

这道菜的口感既清脆又软糯。让我们来尝试制作这道能让空气炸锅施展魔法的好吃的下饭菜吧。

❸ 将葱末、青辣椒碎、辣椒粉、酱油、蒜末、低聚糖、香油和芝麻盐放入碗中，搅拌均匀，制成调味汁。

❹ 将烤好的西葫芦盛入碗中，倒入调味汁搅拌均匀。

第六章

给孩子做可口的加餐

以前，我一直以为空气炸锅只能用来炸东西，从没想过用它来烘焙。后来经过试验才发现，空气炸锅竟如此擅长烘焙。现在，和我一起把电饭锅形状的空气炸锅想象成烤箱，做一些简单又好吃的曲奇和松饼吧。

鸡蛋面包

Air fryer 170℃

→ 翻面

10~13 分钟 5 分钟

🥘 原料（6 个）

（电子秤、量杯计量）

鸡蛋	8 个
牛奶	2/3 量杯
蛋糕粉	200g
食用油	适量
烤盐	适量
切碎的小葱（可选）	适量

🧤 做法

❶ 碗中打入 2 个鸡蛋，打散后加入牛奶和蛋糕粉，搅拌至顺滑。准备 6 个纸杯，用硅胶刷在纸杯内壁刷一层食用油。

❷ 将第 1 步做好的面糊均匀分到 6 个纸杯中。每个纸杯中打入一个鸡蛋，并用剪刀将蛋黄剪碎。

❸ 在纸杯中各撒一撮烤盐，并撒上切碎的小葱。

Tip 撒上切碎的小葱或欧芹粉，烤出的面包味道更好。另外，还可以放入切碎的培根或蔬菜。

❹ 在炸篮底部铺一层油纸，放入纸杯，将温度设定为 170℃，烤 10~13 分钟。给鸡蛋面包脱模，底部朝上再烤 5 分钟左右。

独家秘诀

一定要在纸杯内壁涂油，这样后期才比较容易脱模。另外，用剪刀剪碎蛋黄，是为了保证鸡蛋能烤熟。也可以用蛋糕模代替纸杯。用纸杯烤鸡蛋面包时，由于纸杯太深，面包下面的部分有可能烤不熟，所以要在烤到一定程度时将面包取出，底部朝上继续烘烤，直至完全烤熟。

有了空气炸锅，做鸡蛋面包就变得非常简单。你既能享受到制作的乐趣，又能轻松做出好吃的面包。我每次刚一做好就忍不住想吃。让我们一起来愉快地做鸡蛋面包吧！

Air fryer 170℃

→ 翻面

7 分钟　　　5~8 分钟

🍲 原料（10 块）

（电子秤计量）

主料

巧克力饼干预拌粉	270g
黄油	70g
鸡蛋	1 个

辅料

巧克力碎	适量

若喜欢松软的饼干，请缩短烤制时间；若喜欢酥脆的饼干，请延长烤制时间。

用空气炸锅烤饼干时，一定要铺油纸，因为面糊可能会流到炸篮底部。

巧克力饼干

🧤 做法

❶ 将黄油提前从冰箱中拿出来回温。黄油放入碗中，打入鸡蛋，搅拌均匀。

Tip 蛋黄需全部放入，蛋清可以放，也可以不放。

❷ 加入巧克力饼干预拌粉和巧克力碎，搅拌均匀，分成 10 份，如图所示，将每份整成扁扁的圆形（即使整成圆形，在烤的过程中也会变扁）。

❸ 在炸篮底部铺一层油纸，将整形完成的饼干依次放入，注意保持一定的间距。将温度设定为 170℃，烤 7 分钟左右。

❹ 翻面，继续烤 5~8 分钟。

Tip 请根据空气炸锅的机型调节温度与时间。

玛芬蛋糕

Air fryer 170℃

 12~15 分钟

🥘 **原料（12 个）**

（电子秤计量）

主料

鸡蛋	2 个
牛奶	80g
玛芬蛋糕预拌粉	300g
黄油（或食用油）	50g

辅料

果酱	适量
巧克力碎	适量

🧤 **做法**

❶ 鸡蛋打散，加入牛奶，搅拌均匀。

❷ 加入玛芬蛋糕预拌粉和黄油，搅拌均匀。将蛋糕糊倒入玛芬蛋糕模具中至 2/3 处。

❸ 往其中 8 个模具中分别放入 1 汤匙果酱，剩下的 4 个中分别放适量巧克力碎。

Tip 任何果酱都可以。多放一些，烤出的蛋糕更松软可口。

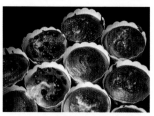

❹ 将玛芬蛋糕模放入炸篮中，将温度设定为 170℃，烤12~15 分钟。

 独家秘诀

　　请根据自家空气炸锅的容量调节面糊量，并根据模具的大小和玛芬蛋糕的数量调节温度与时间。大容量空气炸锅可一次性放入 12 个玛芬蛋糕。

　　今天向大家介绍的是用空气炸锅烤的好吃的玛芬蛋糕。我把家里剩余的一点儿果酱也加进去了，烤出的蛋糕非常香甜可口。

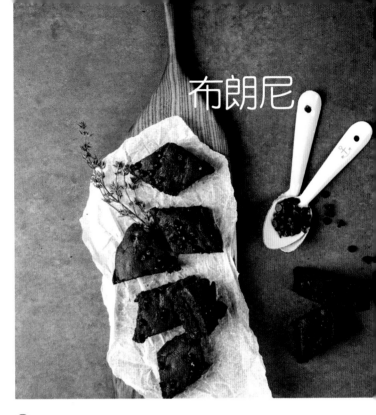

布朗尼

 原料（1个）

（电子秤、量杯计量）

主料

布朗尼预拌粉	320g
水（或牛奶）	55ml

辅料

巧克力碎	适量

　　可使用烘焙模具或者碗（需要在底部铺一层油纸）。加入一些巧克力碎会让成品更加好吃。

　　每次用空气炸锅烘焙时，我总会忍不住惊叹！我现在经常用布朗尼预拌粉做布朗尼，味道很棒，连挑剔的孩子们都赞不绝口。

 做法

❶ 布朗尼预拌粉中加入水，搅拌均匀，制成面糊。

❷ 在耐高温容器底部铺一层油纸，倒入面糊，撒上巧克力碎。

❸ 将耐高温容器放入炸篮中，将温度设定为 170℃，烤 20 分钟左右。

Tip 请根据空气炸锅的机型调节温度与时间。

❹ 翻面，再烤 3 分钟左右，将底部未烤好的部分烤熟。

奶酪司康

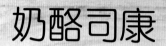

今天我们要做的是奶酪司康。自从各种烘焙专用预拌粉问世以来，烘焙就变得如此简单。无须用电子秤逐一称取粉类原料，也无须担心用剩的原料会浪费，真是太方便了。用空气炸锅烤的奶酪司康，味道和店里卖的一样好。

Air fryer  170℃ → 翻面 160℃

10 分钟　　　　　　　　7~8 分钟

原料（6个）

（电子秤、量杯计量）

主料

市面上常见的预拌粉

212g

牛奶（或水）

1/2 量杯（100ml）

切片奶酪　　　　　2 片

配料

草莓果酱（或其他果酱）

适量

预拌粉有蜂蜜黄油口
味的、黄油牛奶口味的和
蒜香奶酪口味的，请根据
自己的喜好购买。我个人
喜欢咸味司康，因此用的
是蒜香奶酪口味的。

做法

❶ 碗中放入预拌粉和牛奶，搅
拌均匀，加入切成小块的切片
奶酪，揉匀。

❷ 将和好的面团整成圆饼状，
如图所示，均匀切成 6 份。

Tip 可根据自己的喜好整形。

❸ 在炸篮底部铺一层油纸，将
整形完成的司康放进去，注意
要保持一定的间距。将温度设
定为 170℃，烤 10 分钟左右。

Tip 如果没有大容量空气炸锅，请
根据自家空气炸锅的容量调节面团
的量。

❹ 翻面，将温度设定为 160℃，
再烤 7~8 分钟。取出，搭配草
莓果酱食用。

Tip 请根据空气炸锅的机型调节温
度与时间。第 3 步烤了 10 分钟后，
下面可能会烤不熟，因此需要翻面
再烤一下。

火腿奶酪司康

今天我用香肠、奶酪和洋葱，做了咸味司康。我直接使用了预拌粉，省去了自己称取并混合粉类原料的麻烦。现在，让我们一起来做这款简单又好吃的司康吧。

Air fryer 　170℃　　→ 翻面　　160℃

10 分钟　　　　　　　7~8 分钟

 原料（8 个）

（电子秤、量杯、汤匙计量）

主料

市面上常见的预拌粉

212g

牛奶（或水）

1/2 量杯（100ml）

辅料

大葱	1 根
香肠	2 根
洋葱	1/4 个
食用油	1 汤匙
切片奶酪	1 片

从市面上售卖的预拌粉中选择你喜欢的即可。

做法

❶ 大葱、洋葱切碎，香肠切片。炒锅中加入食用油，油热后放入大葱、洋葱和香肠炒熟。

Tip 香肠本来就带有咸味，因此无须加盐和胡椒粉来调味。如果你的口味比较重，可以加些盐。

❷ 碗中放入预拌粉，加入牛奶，和成面团，撒入上一步炒好的原料和切成小块的切片奶酪，揉匀。将揉好的面团均匀分成8 份并揉圆。

❸ 在炸篮底部铺一层油纸，将整形完成的司康放进去，注意要保持一定的间距。将温度设定为 170℃，烤 10 分钟左右。

Tip 请根据空气炸锅的机型调节温度与时间。如果没有大容量空气炸锅，请根据自家空气炸锅的容量调节面团的量。

❹ 翻面，将温度设定为 160℃，再烤 7~8 分钟。

Tip 第 3 步烤了 10 分钟后，下面可能没烤熟，因此需要翻面再烤一下。

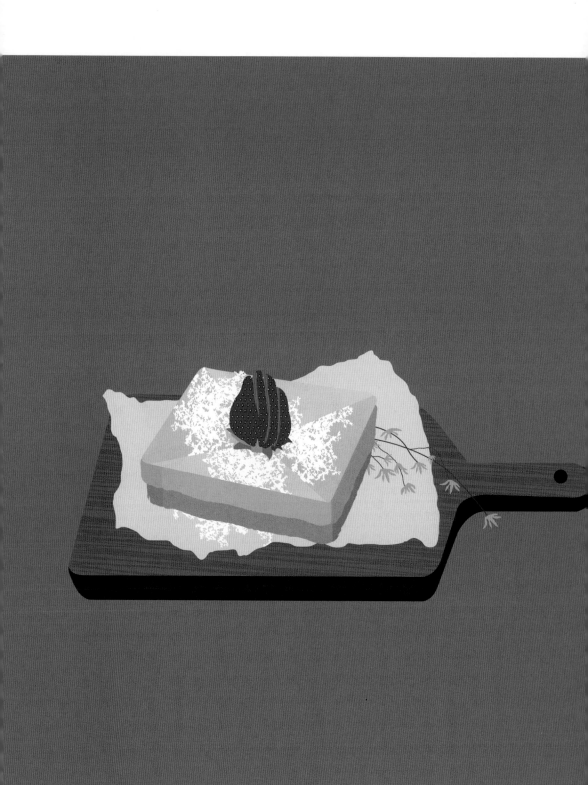

第七章

孩子爱吃的西式主食

市面上的吐司面包、墨西哥薄饼、法棍等用空气炸锅烤了之后，就会变身为艺术品。在直接吃没什么味道的面包中加入各种食材和调料，然后放入空气炸锅中烤一下，就会成为味道不错的早餐或午餐。

墨西哥薄饼比萨

> 不喜欢用厚面饼做比萨的人一定会喜欢这款用墨西哥薄饼做的比萨。墨西哥薄饼上面如果放满食材，就会是一张用料十足的比萨吧？可以放满满一层奶酪，也可以放一些翻炒过的不太咸的食材，我使用的是做玉米奶酪剩下的食材。

Air fryer 180℃　 7 分钟

原料（2 人份）

（电子秤、量杯、汤匙计量）

主料

墨西哥薄饼（8 寸）	2 张
玉米粒罐头	1 罐（280g）
洋葱	1/4 个
青阳辣椒	1 个
马苏里拉奶酪	1 量杯
切片奶酪	1 片
维也纳香肠	2 根
欧芹粉	适量

调料

白糖	1 汤匙
香草盐	0.3 汤匙
蛋黄酱	4 汤匙

 独家秘诀

这道美食上面的部分一般都会烤得很漂亮，但是下面则不容易烤成金黄色。可以将墨西哥薄饼比萨取出，底部朝下放入炒锅中，烙至金黄色。另外，家里的陶瓷餐具等都可以放入空气炸锅中使用。

做法

❶ 将玉米粒罐头倒出来，沥干水分。洋葱和青阳辣椒切碎，维也纳香肠切片。

Tip 沥干玉米粒中的水分这一步非常重要。如觉得沥水比较费时间，可将玉米粒倒入平底锅中稍微翻炒一下，去除水分。

❷ 碗中放入玉米粒、洋葱和青阳辣椒，加入白糖、香草盐和蛋黄酱，搅拌均匀。

❸ 汤碗中放入1张墨西哥薄饼，将第 2 步做好的混合物倒进去。撒上马苏里拉奶酪和撕碎的切片奶酪，将维也纳香肠摆在上面，撒上欧芹粉。

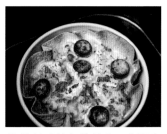

❹ 将汤碗放入炸篮中，将温度设定为 180℃，烤 7 分钟左右。

Tip 用同样的方法制作另 1 张。请根据空气炸锅的机型调节温度与时间。

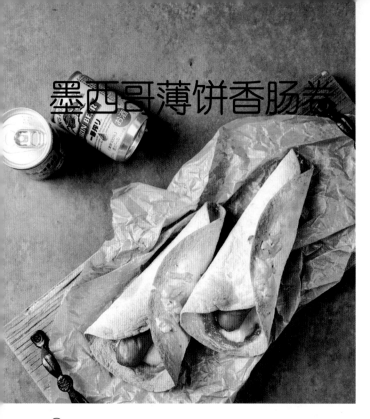

墨西哥薄饼香肠卷

Air fryer 180℃

 5 分钟

🍲 原料（2人份）

（量杯、汤匙计量）

主料

墨西哥薄饼（8寸）	2 张
马苏里拉奶酪	1 量杯
切片奶酪	2 片
香肠	2 根

酱料

甜辣酱	3 汤匙
番茄酱	1 汤匙
蛋黄酱	2 汤匙

🧤 做法

❶ 将1张墨西哥薄饼放在砧板上，在上面均匀涂抹甜辣酱、番茄酱和蛋黄酱。

Tip 也可以使用家里现有的酱料。

❷ 放上马苏里拉奶酪和半片切片奶酪，将1根香肠切花刀后放在上面。

❸ 如图所示，将墨西哥薄饼卷起来，在接缝处再放半片撕碎的切片奶酪，然后用牙签固定。用同样的方法处理另1张墨西哥薄饼。

❹ 将墨西哥薄饼香肠卷放入炸篮中，将温度设定为180℃，烤5分钟左右。

Tip 请根据空气炸锅的机型调节温度与时间。

墨西哥薄饼在超市就能买到，只要家里有酱料、奶酪和香肠，就能做出这道美食。

Air fryer　180℃

3 分钟

火腿奶酪法棍

原料（2 人份）

（汤匙计量）

主料

法棍（15cm 长）	1 条
切片火腿	7 片
切片奶酪	2 片
甜辣酱	3 汤匙
马苏里拉奶酪	3 汤匙

辅料

洋葱丝	少许
菊苣（或罗勒）	少许

独家秘诀

　　这道火腿奶酪法棍一个人吃的话完全可以吃饱，两个人吃可以再搭配一份沙拉，作为早餐或午餐也很不错。你可以在原料的选择上再增加一些创意，创造出不同风味的法棍。

　　今天我选用的是整条法棍，将食材夹进去烤一下即可，制作过程非常有意思。我对这个食谱非常满意，如果以后开一家早午餐店，我一定要把这道美食收入菜单。

做法

❶ 如图所示，将法棍切成1.5cm 厚的片，底部不切断。

Tip 这样方便将食材夹进去。

❷ 在切口中间夹入切片火腿和切片奶酪，并放入洋葱丝和菊苣。

Tip 如无洋葱丝和菊苣，可不加。

❸ 在法棍表面淋上甜辣酱，再撒上马苏里拉奶酪。

❹ 将火腿奶酪法棍放入炸篮中，将温度设定为 180℃，烤 3 分钟左右。

Tip 请根据空气炸锅的机型调节温度与时间。

牛肉吐司比萨

Air fryer 180℃

 5分钟

🍲 原料（2张）

（电子秤、量杯、汤匙计量）

主料

牛肉糜	100g
洋葱（切碎）	1/4 个
甜椒（或尖椒）碎	少许
切片面包	2 片
马苏里拉奶酪	1 量杯
食用油	少许

牛肉馅调料

蒜末	0.5 汤匙
葱末	1 汤匙
白糖	0.3 汤匙
料酒	1 汤匙
酱油	1 汤匙
香油	0.5 汤匙
胡椒粉	少许

酱料

甜辣酱	3 汤匙
蛋黄酱	2 汤匙
番茄酱	1 汤匙

独家秘诀

可以用番茄汁或
比萨酱代替番茄酱。

🧤 做法

❶ 在牛肉糜中加入蒜末、葱末、白糖、料酒、酱油、香油和胡椒粉，搅拌均匀，制成牛肉馅。

❷ 炒锅中加入食用油，油热后加入洋葱碎和甜椒碎炒香，再加入牛肉馅炒熟。

❸ 在 1 片切片面包上均匀涂抹一半甜辣酱、蛋黄酱和番茄酱。撒少许马苏里拉奶酪，放上一半牛肉馅，再撒一些马苏里拉奶酪。用同样的方法处理另 1 片切片面包。

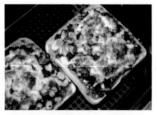

❹ 将牛肉吐司比萨放入炸篮中，将温度设定为180℃，烤 5 分钟左右。

Tip 请根据空气炸锅的机型调节温度与时间。

牛肉是万能食材！无论是吐司比萨，还是墨西哥薄饼比萨，制作的时候都可以加入牛肉。这款牛肉吐司比萨非常受孩子们的欢迎。

Air fryer 180℃

 5 分钟

蘑菇培根薄饼

🍲 原料（1~2 人份）

（电子秤、量杯、汤匙计量）

主料

双孢菇	70g
培根	2 片
洋葱	1/8 个
青辣椒（或甜椒）	1 个
墨西哥薄饼（8 寸）	1 张
马苏里拉奶酪	1/2 量杯
切片奶酪	1 片
食用油	少许

调料

盐	少许
胡椒粉	少许

酱料

甜辣酱	2 汤匙
蛋黄酱	1 汤匙

 独家秘诀

因为食材中有培根和切片奶酪，所以盐一定要少放。

今天我做了夹着蘑菇和培根的薄饼。一口咬下去，味道好到能让人忘记所有的疲惫。只要有空气炸锅，就能做出这款蘑菇培根薄饼。

🧤 做法

❶ 双孢菇切片，培根切丝。洋葱和青辣椒切碎。

❷ 炒锅中放入食用油，放入上一步准备好的原料翻炒，再加入盐和胡椒粉，制成馅料。

❸ 墨西哥薄饼平放，将甜辣酱和蛋黄酱涂抹在半张饼上。撒上切碎的切片奶酪和少许马苏里拉奶酪，均匀放上炒好的馅料，再撒上剩余的马苏里拉奶酪。

❹ 将墨西哥薄饼没放料的一半折上去并用牙签固定。将蘑菇培根薄饼放入炸篮中，将温度设定为180℃，烤5分钟左右。

Tip 请根据空气炸锅的机型调节温度与时间。

牛肉薄饼

曾经陌生的墨西哥薄饼现在已经成了超市中比较常见的商品。我在墨西哥薄饼中夹了一些牛肉，制作了一款牛肉薄饼，味道很赞！能享用到这样的美味都是因为我家有一台神奇的空气炸锅。

Air fryer   180℃   5 分钟

🍲 原料（2 张）

（电子秤、量杯、汤匙计量）

牛肉糜	100g
洋葱（切碎）	1/4 个
甜椒（或尖椒）碎	少许
墨西哥薄饼（8 寸）	2 张
马苏里拉奶酪	1 量杯
切片奶酪	2 片
圣女果	2 颗
食用油	少许

牛肉馅调料

蒜末	0.5 汤匙
葱末	1 汤匙
白糖	0.3 汤匙
料酒	1 汤匙
酱油	1 汤匙
香油	0.5 汤匙
胡椒粉	少许

酱料

甜辣酱	3 汤匙
蛋黄酱	2 汤匙
番茄酱	1 汤匙

🧤 做法

❶ 在牛肉糜中加入蒜末、葱末、白糖、料酒、酱油、香油和胡椒粉，搅拌均匀，制成牛肉馅。

❷ 炒锅中加入食用油，油热后加入洋葱碎和甜椒碎炒香，再加入牛肉馅炒熟。

❸ 取 1 张墨西哥薄饼，将一半甜辣酱、蛋黄酱和番茄酱涂抹在半张饼上。撒少许马苏里拉奶酪，放一半牛肉馅、1 片撕碎的切片奶酪和 1 颗切成 8 份的圣女果，最后再撒一些马苏里拉奶酪。

❹ 将墨西哥薄饼没放料的一半折上去，稍微露出一些料。将牛肉薄饼放入炸篮中，将温度设定为 180℃，烤 5 分钟左右。

Tip 也可以用牙签固定薄饼。用同样的方法处理另 1 张薄饼。请根据空气炸锅的机型调节温度与时间。

独家秘诀

可以用番茄汁或比萨酱代替番茄酱。

熏三文鱼
意式吐司

Air fryer 180℃

 3 分钟

🍲 **原料（2~3 人份）**

（汤匙计量）

主料

法棍切片	5 片
奶油奶酪	5 汤匙
熏三文鱼片	5 片

蒜蓉酱

蒜末	0.5 汤匙
蜂蜜	1 汤匙
橄榄油	2 汤匙
盐	少许

装饰

欧芹粉	少许

🧤 **做法**

❶ 将蒜末、蜂蜜、橄榄油和盐放入碗中，搅拌均匀，制成蒜蓉酱。

❷ 将蒜蓉酱均匀涂抹在法棍切片上。

❸ 将法棍切片放入炸篮中，将温度设定为180℃，烤3分钟左右。

Tip 请根据空气炸锅的机型调节温度与时间。

❹ 取出，在每片吐司表面涂抹1汤匙奶油奶酪，放上1片熏三文鱼片，注意让造型美观一些，最后撒上欧芹粉。

独家秘诀

可以用你喜欢的其他食材代替熏三文鱼。

这是一道用法棍切片制作的可以直接用手拿着食用的吐司。熏三文鱼可以用蟹肉或鸡胸肉代替。

Air fryer 180℃

4~5 分钟

蒜香吐司

🍲 原料（1~2 人份）

（汤匙计量）

主料

切片面包	2 片

蒜味黄油

黄油	2 汤匙
蒜末	1 汤匙
盐	少许
龙舌兰糖浆（或蜂蜜）	1 汤匙
欧芹粉	0.3 汤匙

放了龙舌兰糖浆或蜂蜜后烤出的吐司更好吃。如不喜欢甜味也可不加。

令空气炸锅大放异彩的美食之一就是蒜香吐司，就算是用刚从冰箱冷冻室里取出的切片面包，也能做出好吃的蒜香吐司。

🎞 做法

❶ 将黄油、蒜末、盐、龙舌兰糖浆和欧芹粉混合，搅拌均匀，制成蒜味黄油。

❷ 在切片面包上均匀涂抹蒜味黄油。

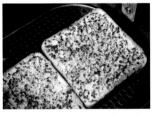

❸ 将蒜香吐司放入炸篮中，将温度设定为180℃，烤4~5分钟。

Tip 请根据空气炸锅的机型调节温度与时间。

培根鸡蛋吐司

Air fryer 170℃

 8~10 分钟

🍲 原料（1 人份）
（粗略计量）

主料
切片面包	2 片
鸡蛋	1 个
培根（长）	1 片
欧芹粉	少许

蘸酱
草莓果酱（罗勒酱或番茄酱）

适量

🧤 做法

❶ 取 1 片切片面包，在中间扣一个直径 5~6cm 的碗，沿着碗的边缘挖一个洞。

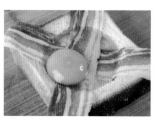

❷ 将 2 片切片面包叠放在一起，挖了洞的在上面。将培根切成两半，呈十字形放在切片面包上，在洞的位置打入鸡蛋。撒上欧芹粉。

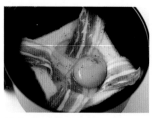

❸ 轻轻地将培根鸡蛋吐司放入炸篮中。

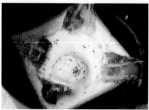

❹ 将温度设定为170℃，烤8~10分钟。取出，搭配蘸酱食用。

Tip 请根据切片面包中间的食材的烤制情况调节时间。

独家秘诀

将温度设定为 170℃，烤8~10 分钟，鸡蛋会烤到半熟的程度。如果喜欢全熟的鸡蛋，可调低温度并延长烤制时间。

今天我用空气炸锅做了一件堪称艺术品的美食。以前总是用烤箱做的培根鸡蛋吐司，现在，也可以用空气炸锅做了。

Air fryer 170℃

5~7 分钟

🥘 原料（1人份）

（粗略计量）

主料

切片面包	1 片
蛋黄酱（可以挤的）	适量
鸡蛋	1 个

装饰

欧芹粉	少许

半熟鸡蛋吐司

🧤 做法

❶ 在切片面包上挤两圈蛋黄酱，围成一个圆圈。

❷ 在圆圈内打入鸡蛋，撒上欧芹粉，制成鸡蛋吐司。

忙碌的早晨，准备1片切片面包，将蛋黄酱在面包中间挤成一个圆圈，将鸡蛋打在圆圈内，再将面包放入空气炸锅中烤一下。在忙其他事情的时候，听到"叮"的一声，那就是吐司烤好了！有了空气炸锅，你就能方便快捷地享用到这份营养早餐，并度过一个愉快的早晨。

❸ 将鸡蛋吐司放入炸篮中。

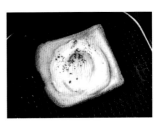

❹ 将温度设定为170℃，烤5~7分钟。

Tip 请根据空气炸锅的机型调节温度与时间。应时刻查看烤制情况，防止将切片面包烤焦。

吐司培根卷

Air fryer　180℃

5 分钟

🍲 原料（1~2 人份）

（汤匙计量）

主料

切片面包（较柔软的）	2 片
草莓果酱	4 汤匙
培根（长）	4 片

装饰

| 欧芹粉 | 少许 |

🧤 做法

❶ 用擀面杖将切片面包擀得略薄一点儿，然后在上面涂抹草莓果酱。

❷ 分别将 2 片切片面包有果酱的一面朝里卷起来。

❸ 再分别在 2 个面包卷的外侧各卷 2 片培根。

Tip 如使用的培根很长，每个面包卷可只使用 1 片。

❹ 将吐司培根卷接缝的一侧朝下放入炸篮中，将温度设定为 180℃，烤 5 分钟左右。装盘，撒上欧芹粉。

Tip 请根据空气炸锅的机型调节温度与时间。

❝

仿照面包店的做法，我做了简易版吐司培根卷。这道美食制作起来既简单又有趣，而且非常适合当早餐和午餐吃，再搭配一份鸡蛋沙拉或蔬菜沙拉，吃起来会让人有种心满意足的幸福感。

❞

Air fryer 180℃

 5 分钟

培根奶酪吐司

🍲 原料（1~2 人份）
（汤匙计量）

主料
切片面包	2 片
培根（长）	2 片
切片奶酪	2 片

酱料
蛋黄酱	2 汤匙
草莓果酱	2 汤匙

装饰
欧芹粉	少许

🌽 做法

❶ 取 1 片切片面包，在表面均匀涂抹 1 汤匙蛋黄酱，再涂抹 1 汤匙草莓果酱。草莓果酱要从面包中心向四周涂抹。

❷ 按照切片面包的边长将 1 片培根和 1 片切片奶酪分别切成 4 份。如图所示，将切好的培根和奶酪摆成格子状。

❸ 撒上一些欧芹粉。

Tip 用同样的方法处理另 1 片切片面包。

❹ 将培根奶酪吐司放入炸篮中，将温度设定为 180℃，烤 5 分钟。

Tip 请根据空气炸锅的机型调节温度与时间。

　　这个食谱是我偶然在一个美食博客上看到的。如果嫌麻烦，你也可以直接将奶酪和培根铺在切片面包上。不过，摆成格子状更有趣。

厚吐司

Air fryer 160℃

🕐 → 翻面 🕐
5分钟 3分钟

🍲 **原料（4人份）**
（电子秤计量）

吐司面包（大）	1个
黄油	100g
有机白糖	适量

🧤 **做法**

❶ 准备一个完整的吐司面包，切掉边缘，将其均匀切成4块三角形的块。黄油隔水熔化，均匀地涂抹在面包块的每个面上。

❷ 将有机白糖倒入盘中，放入面包块，让每一面都均匀附着上白糖。

Tip 使用颗粒稍微粗糙的有机白糖，做出的成品味道更佳。

❸ 将面包块放入大容量空气炸锅的炸篮中，将温度设定为160℃，烤5分钟左右。

Tip 如果使用的是小容量空气炸锅，每次放1块或2块烤。

❹ 翻面，继续烤3分钟左右。

Tip 用烤箱烤需要15~20分钟，用空气炸锅的话不到10分钟就烤好了。

独家秘诀

黄油也可以放到微波炉中熔化，请把握好每块面包需要涂抹的黄油的量，并涂抹均匀。

❝

我用一个完整的吐司面包做了这款厚吐司。厚吐司的外面裹了一层糖衣，松脆可口，内里是吐司面包固有的口感，非常好吃。让我们用空气炸锅来做这款美味吧。

❞

Air fryer 180℃

→ 翻面

5 分钟　　　3 分钟

法式吐司

🍲 原料（1 人份）

（汤匙计量）

主料

切片面包	2 片
草莓果酱	2 汤匙
切片奶酪	1 片
熔化的黄油	1 汤匙

蛋液

鸡蛋	1 个
牛奶	3 汤匙
盐	少许

装饰

| 草莓 | 1 颗 |
| 糖粉 | 适量 |

独家秘诀

在油纸上涂抹黄油是为了防止烤制时切片面包粘在油纸上。趁吐司还热的时候，也可以在表面放些黄油。

提到吐司，一般我们最先想到的就是法式吐司。用空气炸锅也能烤法式吐司，若加入奶酪和果酱，味道会更好。

🧤 做法

❶ 取 1 片切片面包，在表面均匀涂抹一层草莓果酱，放一片切片奶酪，再盖上另一片切片面包。

❷ 盘中打入鸡蛋，放入牛奶和盐，搅拌均匀。将切片面包放入盘中，让上下两面充分吸收蛋液。

❸ 在炸篮底部铺一层油纸，在油纸上涂抹熔化的黄油，放入切片面包。

❹ 将温度设定为 180℃，烤 5 分钟左右。翻面，再烤 3 分钟左右。取出，将吐司沿对角线切成 4 份。用草莓装饰，最后筛上糖粉。

香蕉花生酱三明治

Air fryer 180℃

 5分钟

🍲 原料（2人份）
（汤匙计量）

香蕉	2根
切片面包	4片
花生酱	4~6汤匙
切片奶酪	2片

🧤 做法

❶ 香蕉斜切成片。

❷ 取1片切片面包，在上面涂抹2~3汤匙花生酱。
Tip 我个人比较喜欢能咀嚼到花生颗粒的花生酱。

❸ 在涂抹了花生酱的切片面包上放一半香蕉片和1片撕成小片的切片奶酪，盖上另1片切片面包。用同样的方法制作另1份三明治。

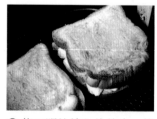

❹ 将三明治放入炸篮中，将温度设定为180℃，烤5分钟左右。

独家秘诀

也可根据烤制程度给三明治翻面并继续烤2分钟。大容量空气炸锅一次可以烤2份，小容量空气炸锅一次只能烤1份。

❝

据说，美国摇滚歌手猫王特别喜欢吃香蕉花生酱三明治。我很想知道用空气炸锅做这种三明治的话味道怎么样，于是试着做了一次，结果味道超乎想象。食谱中虽然写的是2人份，但4个人吃其实也足够了。

❞

Air fryer 180℃

5 分钟

火腿奶酪三明治

🍲 原料（1~2 人份）

（量杯、汤匙计量）

主料

切片面包	2 片
火腿	1 片
切片奶酪	2 片
马苏里拉奶酪	1 量杯

酱料

草莓果酱	2 汤匙
甜辣酱	1 汤匙

装饰

欧芹粉	少许

 独家秘诀

如果马苏里拉奶酪的量正好，烤的时候就不会流下来，那么就可以不用油纸了。不铺油纸的话，需要的烤制时间更短。

❝

这是一款奶酪味浓郁的喷香三明治，甜辣酱和草莓果酱的加入，更是为这款三明治增添了一番别样的风味。相信我，做一次吧。

❞

🧤 做法

❶ 在 2 片切片面包上分别涂抹草莓果酱和甜辣酱。在涂抹了草莓果酱的切片面包上放上火腿和 1 片撕碎的切片奶酪，并撒些马苏里拉奶酪，将另一片切片面包有甜辣酱的一面朝下盖在上面。

❷ 在三明治上方撒上剩余的马苏里拉奶酪，然后放上另一片撕碎的切片奶酪，撒上欧芹粉。

❸ 在炸篮底部铺一层油纸，放入三明治。

❹ 将温度设定为 180℃，烤 5 分钟。

Tip 请根据空气炸锅的机型调节温度与时间。

面包干

Air fryer 170℃

5分钟 → 翻面 2分钟

🍲 原料（2人份）

（汤匙计量）

主料

切片面包	3 片

辅料

黄油	3 汤匙
白糖	1 汤匙
盐	少许

装饰

白糖	3 汤匙
肉桂粉	0.3 汤匙

🧤 做法

❶ 每片切片面包切成4条。将黄油、白糖和盐混合，放入微波炉或隔水熔化，用硅胶刷搅拌均匀。

❷ 在面包表面均匀涂抹上一步做好的黄油混合物。

Tip 硅胶刷比喷油壶好用，涂抹得比较均匀。

❸ 将面包放入炸篮中，没有涂抹黄油混合物的一面朝上，在这一面继续涂抹黄油混合物。将温度设定为170℃，烤5分钟左右。翻面，再烤2分钟。放凉。

❹ 将白糖和肉桂粉装入塑料袋中，混合均匀，放入面包干，轻轻晃动，让面包干均匀裹上肉桂糖。

 独家秘诀

涂抹黄油混合物时，将面包条紧密排列在一起，整体涂抹效果更好。涂抹完一面后，将面包条的另一面朝上放入炸篮中，继续涂抹黄油混合物。

今天向大家介绍的是一款让人停不下嘴的美味，也是一款非常容易让人上瘾的零食。注意，吃太多会变胖哦！

Air fryer 180℃

5 分钟

厚蛋吐司

原料（1~2 人份）

（粗略计量）

主料

法棍（10cm 长）	1 条
鸡蛋（小）	2 个
培根	1 片

调料

蛋黄酱	适量
甜辣酱	适量

装饰

欧芹粉	少许

独家秘诀

法棍、餐包、汉堡面包等可以做成凹陷形态的面包都可以用来做厚蛋吐司。

如果面包像碗一样凹进去，里边是不是就能放鸡蛋了？答案是肯定的。所以这款美味的名字叫厚蛋吐司！做出这款漂亮得令人窒息的美味的工具依然是空气炸锅。

做法

❶ 法棍纵向切成两半，挖去中间部分。

Tip 挖去或者用力按压中间部分，打造出能盛一个鸡蛋的空间。

❷ 在凹陷处各打入 1 个鸡蛋。

Tip 如果鸡蛋太大，可只放入蛋黄和部分蛋清。

❸ 在鸡蛋周围挤一圈蛋黄酱，再淋一些甜辣酱。将培根切碎，均匀撒在鸡蛋周围，最后撒上欧芹粉。

❹ 将厚蛋吐司轻轻地放入炸篮中，将温度设定为 180℃，烤 5 分钟左右。

Tip 放的时候注意不要倾斜。

香葱蜂蜜面包

 Air fryer 180℃

5 分钟

原料（1~2 人份）

（汤匙计量）

切片面包	3 片
香葱	4~5 根
黄油	2 汤匙
蜂蜜（或龙舌兰糖浆）	3 汤匙
盐	少许

做法

❶ 葱切碎，将黄油放入微波炉中加热 30 秒，熔化后和香葱、蜂蜜、盐混合，搅拌均匀。

❷ 取 1 片切片面包，均匀涂抹上香葱蜂蜜混合物。

❸ 将另 1 片切片面包盖在上面，在上面继续涂抹香葱蜂蜜混合物，再将最后 1 片切片面包盖在上面，涂上剩余的香葱蜂蜜混合物。

❹ 将香葱蜂蜜面包放入炸篮中，将温度设定为 180℃，烤 5 分钟左右。取出，将面包切成 9 份。

Tip 请根据空气炸锅的机型调节温度与时间。

"

面包上虽然铺满了香葱，但是一点儿都不辣！香葱的辛香、蜂蜜的甘甜和黄油的香气，堪称完美的组合。

"

Air fryer 170℃

 7~8 分钟

热狗

🍲 原料（5 个）
（粗略计量）

主料

法兰克福香肠	5 根
切片面包	5 片
鸡蛋	2 个
面包糠	适量

调料

蛋黄酱	适量
番茄酱（或蜂蜜芥末酱）	适量

装饰

欧芹粉	适量

独家秘诀

　　蛋黄酱可根据自己的喜好使用，也可以不加。可以把从切片面包上切下来的边角料晒干，放入破壁机中打成面包糠。

❝

　　这是用切片面包做的热狗！制作这款热狗时，无须和面，也无须油炸，只要有空气炸锅，轻轻松松就能做好。我一般将它作为孩子们的加餐，他们非常爱吃。

🌽 做法

❶ 香肠用热水焯一下，放凉。切片面包切去四个边，用擀面杖压平，涂抹一些蛋黄酱，放上香肠卷起来。

❷ 将卷好的热狗接缝处朝下放置。

Tip 为防止热狗散开，需静置一段时间。

❸ 在每个热狗上蘸一些打散的蛋液，并裹一层面包糠。用同样的方法处理其他 4 片切片面包。

❹ 将热狗依次放入炸篮中，将温度设定为 170℃，烤 7~8 分钟。取出，撒上欧芹粉，搭配番茄酱食用。

Tip 请根据空气炸锅的机型调节温度与时间。

面包虾

Air fryer 180℃

→ 翻面

5 分钟　　　3 分钟

🍲 原料（12 份）

（电子秤、汤匙计量）

主料

切片面包	6 片
虾仁	200g
食用油	适量

调料

酱油	1 汤匙
蒜末	0.3 汤匙
料酒	1 汤匙
土豆淀粉	1 汤匙
蛋清	1 个
香油	1 汤匙
胡椒粉	少许

装饰

欧芹粉	适量

🔲 做法

❶ 用厨房纸巾擦掉虾仁表面多余的水分，用刀背将虾仁压碎，盛入碗中，放入调料，搅拌均匀。

❷ 切片面包切去四个边，如图所示，每片切成 4 份。

❸ 虾仁分成 12 份，分别放在其中 12 片面包片上，将剩下的面包片盖在上面，轻轻按压。在面包片表面涂一层食用油。

❹ 将面包虾放入炸篮中，撒上欧芹粉。将温度设定为180℃，烤 5 分钟左右，翻面，再烤 3 分钟。

Tip 请根据空气炸锅的机型调节温度与时间。

 独家秘诀

涂上食用油会让烤好的面包片更加酥脆。

餐厅里极受欢迎的面包虾，也可以用空气炸锅做。用空气炸锅做的面包虾味道非常惊艳，而且一点儿都不油腻。

Air fryer 180℃

5 分钟

🥄 原料（3 个）

（汤匙计量）

主料

切片面包	3 片
鸡蛋	1 个
奶油奶酪	3 汤匙
橘子果酱（或其他果酱）	
	6 汤匙

装饰

欧芹粉	适量

面包果酱派

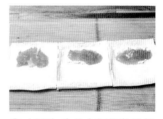

"

用切片面包做果酱派怎么样？既能用掉家里剩余的果酱，也能享受到烘焙的乐趣。这道面包果酱派是在果酱派的基础上加了一些奶油奶酪做成的。你在制作的时候还可以加一些自己喜欢的其他果酱。

"

做法

❶ 切片面包切去四个边，用擀面杖压平。鸡蛋打散。如图所示，用硅胶刷将部分蛋液涂抹在面包片的边缘。

❷ 在面包片的中间部位涂抹奶油奶酪和橘子果酱。

❸ 将面包片对折，边缘用叉子按压紧实，让边缘粘在一起，制成面包果酱派。

❹ 在派朝上的一面均匀涂抹一层蛋液，放入炸篮中，撒上欧芹粉。将温度设定为180℃，烤 5 分钟左右。

第八章

忙碌妈妈的魔法美食

吃剩的炸鸡和比萨以及冰箱里的速冻热狗、速冻炸鸡腿等食品，只要放入空气炸锅中，就会重新焕发"生机"。这就是能够赋予美食新生的空气炸锅的闪光点之所在。

加热比萨

对于吃剩的比萨，我们一般会用微波炉加热一下再吃或者直接吃。其实，只要将比萨放入空气炸锅中烤一下，就能让它重现刚出炉时的味道。现在，我们再也不必为了剩的比萨太多而发愁了。将吃剩的比萨放入保鲜袋中，冷冻或冷藏保存，等想吃的时候，拿出来用空气炸锅加热一下即可。

加热炸鸡

冷藏保存的炸鸡	180℃	 5~7 分钟
冷冻保存的炸鸡	160℃	10分钟

> 外卖炸鸡一次性吃不完剩下了怎么办？别担心，空气炸锅能完美还原炸鸡的味道，使吃剩的炸鸡变得像刚出锅时一样好吃！如果是原味炸鸡，只要将其放入空气炸锅中加热即可。调味炸鸡则要在低温下加热，里面的调料才不会烤煳，而且加热时应时刻在一旁观察。一般将温度设定为 160℃，烤 5~10 分钟即可。

加热速冻面包

室温保存的面包 180℃ 3分钟

冷冻保存的面包 160℃ 5~7分钟

> 因一次吃不完而放入冰箱冷冻保存的面包也可以放到空气炸锅中加热，而且能立刻恢复刚买来时的味道和外形。如果家里有吃剩的面包，最好放入冰箱冷冻保存，这样能最大限度地保留面包原本的味道。不过，即便是室温保存的面包，放入空气炸锅加热后，也会像刚出炉时一样好吃。

加热核桃酥

> 如果在网上购买了核桃酥，而快递员送到时无法马上吃，可以先将核桃酥装入保鲜袋放入冰箱冷冻保存。想吃的时候取出，放入空气炸锅中加热一下即可。香甜酥脆的核桃酥配上一杯香草茶或咖啡，味道更好。由于核桃酥是冷冻保存的，如果在 200℃的温度下加热，外表会被烤焦。最好将温度设定为 150℃，烤 10~15 分钟，并且随时在一旁观察。不过，烤完至少要静置 10 分钟，等凉了之后食用。

用冷冻面团烤面包

180℃

10~15 分钟

将冷冻面团放入炸篮中，面团间保持一定的间距，将温度设定为180℃，烤10~15 分钟即可！

Tip 烤制期间应随时打开炸锅观察烤制情况，以防烤焦。

> 一般来说，能用烤箱烤的冷冻面团，用空气炸锅也可以烤。冷冻烘焙面团的种类不同，所需的烤制时间也不同。当你想吃新鲜出炉的烤面包时，没有比用冷冻面团烤制更方便的了。注意，在烤含有奶酪馅的冷冻面团时，炸篮底部一定要铺一层油纸，以防奶酪馅熔化后流到炸篮底部。

烤安康鱼脯

将安康鱼脯放入炸篮中，鱼脯间保持一定的间距，将温度设定为180℃，烤 3~4 分钟即可！

> 近年来，肉更多的安康鱼脯比鳞鲀鱼脯更受欢迎。使用空气炸锅烤安康鱼脯或鳞鲀鱼脯时，注意不要烤焦，因为所需的烤制时间比我们想象的短得多。另外，如果选用的鳞鲀鱼脯太薄，在烤的过程中，鱼脯可能会在锅内飞舞起来。所以最好选择厚实的鱼脯进行烤制。

烤面筋

筋道   180℃   2~3 分钟

酥脆（像饼干 一样）   180℃   5分钟

最近，记忆中的美食——烤面筋人气很高。买来直接吃也很好吃，如果想再现过去的味道，可以用空气炸锅烤一下再吃。根据烤制时间，烤面筋可以分为筋道版本和酥脆版本。

烤冷冻食品

烤冷冻薯条

★ 200℃ 7~8 分钟

　　超市里有各种各样的冷冻薯条，可以根据个人喜好购买。由于冷冻薯条本身含油，直接将其放入空气炸锅中烤，就能烤出好吃的薯条！需要注意的是，吃多少烤多少，不要浪费。

Tip 其间要打开炸锅看一下，并晃动一下炸篮，以便烤得均匀。

烤海苔卷

★ 180℃ 10~15 分钟

　　现在，海苔卷不用我们亲自动手做了，从超市中就能买到。一般我做炒年糕的时候会顺手做一份烤海苔卷。有时我会用空气炸锅烤海苔卷，然后搭配五花肉洋葱酱食用，真的非常好吃。

烤冷冻热狗肠

★ 170℃ 15~18 分钟

　　我会将吃剩的热狗肠放入冰箱冷冻后再拿出来烤，这样口感更好。冷冻热狗肠如果用高温烤，经常会出现外面烤煳而里面还不热的情况。因此，烤冷冻热狗肠时，应将温度设定得低一些，慢慢烤。

烤鸡块

★ 180℃ 7~8 分钟

　　空气炸锅刚出现时，我用它做得最多的美食就是烤鸡块。鸡块本身含油，因此，将其直接放入空气炸锅中烤即可。这是孩子们最喜欢的美食。

　　将鸡块放入炸篮中，将温度设定为180℃,烤7~8分钟即可！

烤冷冻比萨

★冷冻保存的比萨
　160℃ 7~8 分钟
★自然解冻的比萨
　180℃ 3~4 分钟

　　比萨在冷冻状态下直接放入空气炸锅中烤，如果掌握不好时间，很有可能出现外面烤焦、里面还不熟的情况，因此应时刻观察烤制情况。

　　将冷冻保存的比萨放入炸篮中，将温度设定为160℃，烤7~8分钟。如果是自然解冻的比萨，将温度设定为180℃，烤3~4分钟即可！

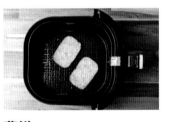

薯饼

★ 200℃ 5 分钟 →翻面→ 3 分钟

　　我偶尔会给孩子们做薯饼，有时直接烤，有时会在表面放上孩子们非常喜欢的马苏里拉奶酪再烤。

　　将薯饼放入炸篮中，将温度设定为200℃，烤5分钟左右，翻面，再烤3分钟即可。